METEOROLOGISCHER UND HYDROLOGISCHER DIENST
DER DEUTSCHEN DEMOKRATISCHEN REPUBLIK

Erdmagnetisches Jahrbuch

1939-1944

Ergebnisse der Beobachtungen am Adolf Schmidt-Observatorium für Erdmagnetismus in Niemegk in den Jahren 1939-1944

III. Teil

Zeichnerische Darstellung der typischen Variationen,
Störungskurven und Tagesmittel der Komponenten

von

G. FANSELAU

1954

AKADEMIE-VERLAG · BERLIN

Erschienen im Akademie-Verlag GmbH., Berlin W 8, Mohrenstraße 39
Lizenz-Nr. 1228
Gedruckt in der Buchdruckerei F. Mitzlaff KG., Rudolstadt/Thür. (946) V/14/7
Bestell- und Verlags-Nr. 2021/5
Preis: 34,— DM
Printed in Germany

Vorbemerkung

Wenn auch der Inhalt der Geomagnetischen Jahrbücher weitgehendst den Bedürfnissen der Forschung durch ein ausführliches Tabellenmaterial entgegenkommt, so besteht doch kein Zweifel, daß dieses ausführliche Tabellenmaterial keineswegs in allen Fällen als ein Ersatz der photographischen Aufzeichnungen der geomagnetischen Variationen angesprochen werden kann. Diese Erkenntnis führte Geheimrat Schmidt zu der Veröffentlichung besonders interessanter Erscheinungen, nämlich der großen Störungen und Stürme. Diese Störungen wurden mit Hilfe des von ihm konstruierten Pantographen auf einheitlichen Maßstab umgezeichnet und sind seit 1908 in Reproduktion den Geomagnetischen Jahrbüchern beigefügt.

Leider ging das Originalinstrument durch Kriegseinwirkungen verloren. Es wurde daher bei der Firma Mating & Wiesenberg, Potsdam, ein neues Gerät gebaut, das in seinen wesentlichsten Teilen dem ersten Gerät genau entspricht. Abb. 1 und 2 zeigen den Apparat in einer Gesamtansicht und in einer Draufsicht.

Um die Möglichkeiten der Maßstabsänderung noch einmal zu zeigen, sind einige Beispiele beigefügt, wie dies vor Jahren Adolf Schmidt selbst einmal getan hat. Auch von Bartels ist gelegentlich auf die Bedeutung eines geeigneten Verhältnisses zwischen Ordinate — Krafteinheiten — und Abszisse — Zeit — hingewiesen worden. Von diesem Verhältnis hängt wesentlich ein klarer Eindruck des Variationsbildes ab sowie eine gute Übersichtlichkeit im gesamten Variationsverlauf.

Als Beispiel wurde gezeichnet zunächst ein täglicher Gang an ungestörten Tagen, und zwar 1940, Mai 6. Alle drei Komponenten X, Y, Z wurden im Zeitmaßstab 1 : 1, 1 : 2, 1 : 4 und 1 : 8 dargestellt. Die Ordinaten wurden dabei nicht verändert. Man erkennt, wie der Eindruck des Gesamtverlaufes ein gänzlich verschiedener ist und sich bei stärkerer Zeitraffung dem Bild einer Baystörung annähert. Dies hat auch physikalisch gesehen seine Bedeutung, da beide Erscheinungen — die ungestörten täglichen Gänge und die Baystörungen — durch ganz ähnliche Stromgebilde — Stromwirbel — in der Ionosphäre hervorgerufen werden, die sich nur in ihrem zeitlichen Ablauf und in der örtlichen Ausdehnung wesentlich voneinander unterscheiden. Natürlich ist letzten Endes die Entstehungsursache dieser Stromwirbel in beiden Fällen voneinander verschieden, einmal Ultraviolettstrahlung der Sonne, das andere Mal Korpuskularstrahlung.

Als weiteres Beispiel kam dann eine Baystörung — 1942, Nov. 2, nur Y — zur Darstellung, und zwar in den verschiedenen Zeitmaßstäben 1 : 1, 1 : 2 und 1 : 4. Auch hier ist der subjektive Eindruck recht unterschiedlich, vor allen Dingen ist es möglich, auf diesem Wege den Ablauf der Baystörungen etwas zu normieren, um so einen Einblick in das Verhältnis von Stärke und Dauer einer Baystörung zu erhalten.

Als letztes Beispiel ist die Störung von 1940, Juli 13, im Zeitmaßstab 1 : 1 und 3 : 4 wiedergegeben. Auch hier gelten ähnliche Betrachtungen wie oben.

Sicher sind diese großen Störungen recht markante Erscheinungen des geomagnetischen Variationsfeldes, aber durchaus nicht die einzigen. Vielmehr gibt es daneben noch eine ganze Anzahl typischer Variationen, zu deren Erforschung es sich ebenfalls verlohnen würde, wenn gewisse international sorgfältig ausgesuchte Vertreter in bildlicher Darstellung von den Observatorien in ihren Jahrbüchern veröffentlicht würden. Um auch die anderen Observatorien anzuregen so zu verfahren, habe ich vom Jahre 1936 an außer den oben erwähnten Störungskurven noch Kopien klar ausgeprägter Baystörungen und besonders deutlich hervortretender Einbrüche in bildlicher Darstellung dem Jahrbuch beigegeben. Vom Jahre 1937 ab wurden diese bildlichen Darstellungen noch durch Hinzunahme typischer Fälle von klar ausgeprägten Elementarwellen ergänzt. Leider stand mir damals nur die Registrierung einer Kraftkomponente, nämlich der Horizontalintensität, zur Verfügung, die mit Hilfe des von Geheimrat Schmidt entwickelten Schnellregistrierapparates aufgezeichnet wurde. Auch die bildlichen Darstellungen beschränken sich also auf diese eine Komponente.

Der vorliegende III. Teil des Sammeljahrbuches 1939—1944 bringt nun in analoger Form für die 6 Berichtsjahre alle die oben erwähnten bildlichen Darstellungen. Ergänzend hinzugefügt wurde noch eine Zusammenstellung besonders typischer Sonneneruptionseffekte, die ich bisher in den Jahrbüchern noch nicht mit aufgenommen hatte. Deshalb beginnt die Darstellung der Sonneneruptionseffekte nicht mit dem Jahre 1939, sondern in Anlehnung an den Termin der Aufnahme solcher bildlichen Darstellungen in die Jahrbücher überhaupt mit dem Jahre 1936. Alle anderen typischen Variationen, ebenso wie die Störungskurven und die zeichnerische Darstellung der Tagesmittel der Komponenten in Abweichung vom Normalwert, umfassen natürlich nur die Jahre 1939—1944. Hinzugefügt wurde noch eine Darstellung des magnetischen Störungsgrades, beurteilt auf Grund der internationalen Charakterzahlen. Nach dem Vorbild von Bartels wurde diese Darstellung in Reihen von 27 Tagen — mittlere Sonnenrotation — durchgeführt. Diese Methode ist sehr nützlich und hat sich vielfach bewährt, um rasch einen Überblick über magnetisch ruhige und gestörte Zeiten zu gewinnen.

Im einzelnen gelangen in dem vorliegenden III. Teil des Jahrbuches zur Darstellung:

216 Baystörungen, 39 plötzliche Einbrüche, 11 Sonneneruptionseffekte und 38 Elementarwellen, fernerhin 54 Störungskurven und schließlich für jedes Jahr — also insgesamt 6 — Darstellungen des Verlaufes der Tagesmittel der 3 Komponenten. Nähere Einzelheiten über die Daten der ausgewählten Störungstypen gibt die folgende tabellarische Übersicht.

Im allgemeinen habe ich mich — wie in den Vorjahren — bei der Darstellung der typischen Variationen auf ein 5-Stunden-Intervall beschränken können. Erstmalig haben wir im vorliegenden Jahrbuchteil auch 10 stündige Intervalle zur Darstellung gebracht, und zwar dann, wenn es sich um Wiederholungsbays und ähnliche interessante Erscheinungen handelte, die eine Erweiterung des dargestellten Bereiches rechtfertigten.

Im einzelnen auf die dargestellten Fälle einzugehen, ist nicht Aufgabe der vorliegenden Schrift, die ja nur Tatsachenmaterial vermitteln soll. Wie ich schon im Jahrbuch 1936 andeutete, werde ich gelegentlich noch auf einige Dinge im Zusammenhang mit den Zeichnungen eingehen, besonders was die Elementarwellen unserer Schnellregistrierung anbelangt. Vor allen Dingen ist vorgesehen, in möglichst kurzer Zeit die Sammlung der typischen Variationen nach rückwärts zu verlängern, so weit es die personellen und finanziellen Mittel des Instituts gestatten. Zumindest ist zunächst an eine Bekanntgabe der Daten der typischen Variationen nach Möglichkeit bis zurück zum Jahre 1890 gedacht.

Es ist mir eine angenehme Pflicht, meinen Mitarbeitern, die mir bei der Erstellung des vorliegenden Zeichenbandes geholfen haben, meinen besten Dank auszusprechen. In erster Linie ist dies Herr Heinz Bolz, der mich mit großem Geschick und richtigem Gefühl bei der Auswahl der typischen Fälle wesentlich unterstützte. In seinen Händen lag auch die Berechnung der Störungskurven für den Pantographen. Weiterhin habe ich zu danken Fräulein Gabriele Otto, die einen großen Teil der Störungskurven mit Hilfe des Pantographen umgezeichnet hat und auch den größten Teil der typischen Variationen zur Darstellung brachte.

Inhaltsverzeichnis

Tabellarische Übersicht

a) Typische Variationen

Baystörungen

Laufende Nummer	Datum	Seite	Laufende Nummer	Datum	Seite
	1939			1940	
42	Jan. 11. 19^h—24^h	17	74	Aug. 2. 17^h—22^h	24
43	,, 14.—15. 20^h—1^h	17	75	Okt. 6. 15^h—20^h	24
44	,, 22. 17^h—22^h	17	76	,, 6.— 7. 20^h30^m—1^h30^m	25
45	Febr. 7. 16^h—21^h	17	77	,, 8.— 9. 21^h—2^h	25
46	,, 17. 14^h—19^h	17	78	,, 11.—12. 22^h—3^h	25
47	,, 19. 18^h—23^h	18	79	,, 16. 16^h—21^h	25
48	,, 26.—27. 20^h—1^h	18	80	,, 28. 18^h—23^h	26
49	März 25.—26. 21^h—2^h	18	81	,, 29. 1^h— 6^h	26
50	April 22. 16^h—21^h	18	82	Nov. 5. 18^h—23^h	26
51	Okt. 5. 17^h—22^h	19	83	,, 22. 19^h—24^h	26
52	,, 8. 0^h— 5^h	19	84	Dez. 23. 17^h—22^h	27
53	,, 29. 18^h—23^h	19	85	,, 24. 19^h—24^h	27
54	Nov. 26. 18^h—23^h	19	86	,, 26. 17^h—22^h	27
55	Dez. 1. 4^h— 9^h	20	87	,, 27. 10^h—15^h	27
56	,, 3.— 4. 20^h—1^h	20			
57	,, 8.— 9. 22^h—3^h	20		1941	
58	,, 12.—13. 20^h—1^h	20	88	Jan. 7. 15^h—20^h	28
59	Nov. 13.—14. 23^h—4^h	20	89	,, 20. 18^h30^m—23^h30^m	28
			90	Febr. 16. 1^h— 6^h	28
	1940		91	,, 17. 17^h—22^h	28
60	Jan. 2.— 3. 20^h—1^h	21	92	,, 19. 15^h—20^h	29
61	,, 4. 13^h—18^h	21	93	,, 25. 16^h—21^h	29
62	,, 7.— 8. 20^h—1^h	21	94	April 4.— 5. 21^h—2^h	29
63	,, 9. 17^h—22^h	21	95	,, 18. 19^h—24^h	29
64	,, 24. 18^h—23^h	22	96	Mai 6. 17^h—22^h	30
65	,, 25. 19^h—24^h	22	97	,, 22. 18^h—23^h	30
66	Febr. 3.— 4. 20^h—1^h	22	98	Juli 21. 18^h—23^h	30
67	,, 5. 13^h—18^h	22	99	Aug. 25.—26. 22^h—3^h	30
68	,, 6.— 7. 23^h—4^h	23	100	,, 30. 17^h—22^h	31
69	,, 9.—10. 21^h—2^h	23	101	Sept. 9.—10. 21^h—2^h	31
70	März 4.— 5. 21^h—2^h	23	102	,, 21. 1^h— 6^h	31
71	Mai 17. 17^h—22^h	23	103	,, 25. 17^h—22^h	31
72	,, 26. 16^h—21^h	23	104	,, 27. 13^h—18^h	31
73	,, 24. 2^h— 7^h	24	105	Okt. 19. 14^h—19^h	32

a) Typische Variationen

Baystörungen

Laufende Nummer	Datum	Seite
	1941	
106	Dez. 15. 19^h—24^h	32
107	,, 28.—29. 22^h—3^h	32
108	,, 29. 19^h—24^h	32
109	Febr. 8. 13^h—23^h	33
110	März 9.—10. 17^h—3^h	33
111	April 10.—11. 15^h—1^h	33
112	Aug. 27.—28. 17^h—3^h	34
113	Sept. 15.—16. 17^h—3^h	34
114	,, 16.—17. 16^h—2^h	35
115	Okt. 24.—25. 16^h—2^h	35
116	Nov. 8. 12^h—22^h	35
	1942	
117	Jan. 6. 16^h—21^h	36
118	,, 12. 18^h—23^h	36
119	,, 18.—19. 20^h—1^h	36
120	Febr. 5. 16^h—21^h	36
121	,, 10. 15^h—20^h	36
122	,, 16.—17. 20^h—1^h	37
123	,, 22.—23. 22^h—3^h	37
124	März 4. 15^h—20^h	37
125	,, 23. 18^h—23^h	37
126	,, 27. 1^h—6^h	37
127	,, 30. 15^h—20^h	38
128	April 6. 19^h—24^h	38
129	,, 11. 19^h—24^h	38
130	,, 12.—13. 22^h—3^h	38
131	,, 19. 17^h—22^h	38
132	Mai 22.—23. 22^h—3^h	38
133	,, 4.—5. 23^h—4^h	39
134	,, 27. 17^h—22^h	39
135	Juli 29.—30. 22^h—3^h	39
136	Aug. 7. 19^h—24^h	39
137	,, 16. 18^h—23^h	40
138	,, 19. 16^h—21^h	40
139	,, 30.—31. 22^h—3^h	40
140	Sept. 5. 2^h—7^h	40
141	,, 7. 15^h—20^h	40
142	Okt. 13. 15^h—20^h	41
143	,, 16. 16^h—21^h	41
144	,, 26. 18^h—23^h	41
145	Nov. 2. 13^h—18^h	41
146	,, 1. 14^h—19^h	42
147	,, 11. 17^h—22^h	42
148	,, 14. 15^h—20^h	42
149	,, 18. 18^h—23^h	42
150	,, 20. 16^h—21^h	42
151	,, 28.—29. 21^h—2^h	43
	1942	
152	Dez. 8. 18^h—23^h	43
153	,, 20. 16^h—21^h	43
154	,, 25. 0^h—5^h	43
155	Jan. 5.—6. 16^h—2^h	44
156	Febr. 25.—26. 17^h—3^h	44
157	April 2.—3. 22^h—8^h	44
158	,, 13.—14. 17^h—3^h	45
159	Juli 15.—16. 15^h—1^h	45
160	,, 25.—26. 17^h—3^h	46
161	Aug. 23. 14^h—24^h	46
162	Sept. 12. 14^h—24^h	47
163	Okt. 5. 12^h—22^h	47
164	Nov. 8.—9. 17^h—3^h	48
165	,, 25. 14^h—24^h	48
166	,, 28. 11^h—21^h	49
167	Dez. 1.—2. 17^h—3^h	49
168	,, 16.—17. 15^h—1^h	49
	1943	
169	Jan. 4. 15^h—20^h	50
170	,, 27. 15^h—20^h	50
171	,, 28. 16^h—21^h	50
172	Febr. 5. 18^h—23^h	50
173	,, 10. 16^h—21^h	51
174	März 4. 19^h—24^h	51
175	,, 20. 16^h—21^h	51
176	,, 24. 15^h—20^h	52
177	April 4. 17^h—22^h	52
178	,, 21. 17^h—22^h	52
179	,, 26.—27. 23^h—4^h	52
180	Juli 16.—17. 23^h—4^h	52
181	Aug. 23.—24. 21^h—2^h	53
182	Sept. 6.—7. 23^h—4^h	53
183	,, 13. 15^h—20^h	53
184	,, 13.—14. 22^h—3^h	53
185	Okt. 14. 17^h—22^h	53
186	,, 10. 14^h—19^h	54
187	,, 20. 16^h—21^h	54
188	,, 22. 14^h—19^h	54
189	,, 22.—23. 20^h—1^h	55
190	,, 24.—25. 23^h—4^h	55
191	,, 28. 14^h—19^h	55
192	Nov. 7. 18^h—23^h	55
193	,, 10. 18^h—23^h	56
194	,, 22. 14^h—19^h	56
195	,, 28. 16^h—21^h	56
196	Dez. 2. 18^h—23^h	56
197	,, 8. 14^h—19^h	57

a) Typische Variationen

Baystörungen

Laufende Nummer	Datum	Seite	Laufende Nummer	Datum	Seite
	1943			1944	
198	Dez. 15. 18^h—23^h	57	227	Jan. 14. 15^h—20^h	67
199	,, 17. 14^h—19^h	57	228	,, 19. 15^h—20^h	67
200	,, 20.—21. 21^h— 2^h	57	229	,, 25. 19^h—24^h	67
201	,, 22. 15^h—20^h	57	230	Febr. 4. 17^h—22^h	68
202	,, 21. 18^h—23^h	58	231	,, 11. 13^h—18^h	68
203	,, 26. 14^h—19^h	58	232	,, 13. 14^h—19^h	68
204	,, 29. 17^h—22^h	58	233	,, 24.—25. 20^h— 1^h	68
205	Dez./Jan. 31.—1. 21^h— 2^h	58	234	März 2. 18^h—23^h	68
206	Febr. 6. 14^h—24^h	59	235	,, 13. 13^h—18^h	69
207	März 12. 14^h—24^h	59	236	,, 14. 17^h—22^h	69
208	,, 16.—17. 17^h— 3^h	59	237	,, 30. 15^h—20^h	69
209	Mai 3.— 4. 15^h— 1^h	60	238	März/April 31.—1. 21^h— 2^h	69
210	Juni 12.—13. 18^h— 4^h	60	239	April 16. 1^h— 6^h	69
211	Sept. 14.—15. 16^h— 2^h	60	240	,, 16. 15^h—20^h	70
212	Aug. 29. 14^h—24^h	61	241	,, 18. 0^h— 5^h	70
213	Sept. 8.— 9. 16^h— 2^h	61	242	Mai 4. 18^h—23^h	70
214	Okt. 1.— 2. 16^h— 2^h	62	243	Juni 22. 14^h—19^h	71
215	,, 2.— 3. 15^h— 1^h	62	244	Juli 16. 16^h—21^h	71
216	Nov. 20. 14^h—24^h	63	245	Aug. 5. 19^h—24^h	71
217	,, 25. 14^h—24^h	63	246	Okt. 7. 17^h—22^h	71
218	Dez. 18. 12^h—22^h	64	247	,, 15.—16. 20^h— 1^h	72
219	,, 19.—20. 16^h— 2^h	64	248	,, 25. 17^h—22^h	72
			249	,, 27. 14^h—19^h	72
	1944		250	Nov. 9. 18^h—23^h	72
220	Jan. 1. 18^h—23^h	65	251	,, 10. 14^h—19^h	73
221	,, 4.— 5. 22^h— 3^h	65	252	,, 17.—18. 22^h— 3^h	73
222	,, 9. 15^h—20^h	65	253	,, 25.—26. 23^h— 4^h	73
223	,, 9.—10. 21^h— 2^h	65	254	Dez. 1. 13^h—18^h	73
224	,, 10.—11. 20^h— 1^h	66	255	Aug. 11.—12. 21^h— 7^h	74
225	,, 12. 13^h—18^h	66	256	Sept. 22.—23. 17^h— 3^h	74
226	,, 12.—13. 22^h— 3^h	66	257	,, 30. 13^h—23^h	74

a) Typische Variationen

Plötzliche Einbrüche

Laufende Nummer	Datum	Seite	Laufende Nummer	Datum	Seite
	1939			1941	
20	Febr. 5. 18^h—23^h	75	41	Sept. 7. 2^h—7^h	80
21	April 27. 19^h—24^h	75	42	Okt. 30. 2^h—7^h	80
22	Mai 1. 10^h—15^h	75	43	Nov. 26. 1^h—6^h	80
23	,, 27. 19^h—24^h	75			
24	Juni 26. 18^h—23^h	76		1942	
25	Juli 3. 0^h—5^h	76	44	Jan. 8.—9. 21^h—2^h	81
26	,, 19.—20. 20^h—1^h	76	45	Febr. 27. 13^h—18^h	81
27	Sept. 2.—3. 20^h—1^h	77	46	März/April 31.—1. 22^h—3^h	81
28	Okt. 8. 11^h—16^h	77	47	Mai 10. 19^h—24^h	81
29	,, 11. 18^h—23^h	77	48	Sept. 1. 9^h—14^h	82
30	Nov. 24. 12^h—17^h	77	49	,, 27.—28. 20^h—1^h	82
			50	Nov. 4. 9^h—14^h	82
	1940		51	,, 5. 16^h—21^h	82
31	Febr. 24.—25. 21^h—2^h	78			
32	Mai 23. 17^h—22^h	78		1943	
33	Juni 22. 9^h—14^h	78	52	Jan. 17. 1^h—6^h	83
34	,, 26. 15^h—20^h	78	53	,, 21.—22. 21^h—2^h	83
			54	April 2.—3. 22^h—3^h	83
	1941				
35	Mai 8. 8^h—13^h	79		1944	
36	Juni 9. 8^h—13^h	79	55	April 23.—24. 23^h—4^h	84
37	,, 10. 12^h—17^h	79	56	Juli 26. 10^h—15^h	84
38	,, 13. 2^h—7^h	79	57	Sept. 6. 10^h—15^h	84
39	Juli 3. 10^h—15^h	80	58	Dez. 26. 9^h—14^h	84
40	,, 4. 2^h—7^h	80			

Sonneneruptionseffekte

Laufende Nummer	Datum	Seite	Laufende Nummer	Datum	Seite
	1936			1939	
1	April 6. 11^h—16^h	85	7	Sept. 8. 9^h—14^h	86
2	Nov. 26. 7^h—12^h	85			
				1940	
	1937		8	Jan. 26. 9^h—14^h	86
3	Sept. 30. 8^h—13^h	85	9	Febr. 16. 11^h—16^h	86
	1938			1941	
4	April 26. 9^h—14^h	85	10	Sept. 17. 7^h—12^h	86
5	Juli 28. 10^h—15^h	85			
				1942	
	1939		11	Febr. 21. 11^h—16^h	86
6	Juli 11. 7^h—12^h	85			

a) Typische Variationen

Elementarwellen

Laufende Nummer	Datum	Seite
	1939	
27	April 15. 13^h51^m—14^h21^m	87
28	,, 15. 14^h39^m—15^h09^m	87
29	Mai 10. 7^h30^m— 8^h	87
30	,, 10. 8^h20^m— 8^h50^m	87
31	,, 10. 9^h10^m—10^h10^m	87
32	Juni 3. 9^h—10^h	87
33	Okt. 17. 9^h50^m—10^h20^m	87
34	,, 17. 11^h15^m—11^h45^m	87
35	,, 17. 12^h—13^h	87
	1940	
36	Jan. 7. 9^h49^m—10^h49^m	88
37	März 27. 14^h49^m—15^h49^m	88
38	Apiil 4. 8^h— 9^h	88
39	,, 10. 10^h48^m—11^h48^m	88
40	,, 28. 11^h18^m—12^h18^m	88
41	Juni 8. 6^h— 7^h	88
	1941	
42	Febr. 16. 11^h—12^h	89
43	,, 26. 13^h—14^h	89
44	März 16. 11^h—12^h	89
45	April 12. 9^h—10^h	89
46	Sept. 15. 9^h—10^h	89
47	,, 15. 16^h30^m—17^h30^m	89

Laufende Nummer	Datum	Seite
	1942	
48	Juli 24. 8^h15^m— 9^h15^m	90
49	,, 28. 9^h—10^h	90
50	,, 28. 10^h—11^h	90
51	Aug. 26. 12^h—13^h	90
52	Sept. 19. 9^h—10^h	90
53	,, 19. 11^h—12^h	90
	1943	
54	April 16. 12^h—13^h	91
55	,, 17. 13^h—14^h	91
56	Mai 29. 9^h—10^h	91
57	Juli 5. 10^h—11^h	91
58	Aug. 24. 8^h30^m— 9^h30^m	91
59	Sept. 15. 10^h—11^h	91
	1944	
60	April 10. 11^h—12^h	92
61	Mai 3. 9^h—10^h	92
62	,, 7. 9^h—10^h	92
63	Juni 21. 9^h—10^h	92
64	,, 21. 12^h03^m—13^h03^m	92

b) Störungskurven

Zur Darstellung gelangten folgende Tage

Laufende Nummer	Datum	Seite	Laufende Nummer	Datum	Seite
	1939			1941	
329	Febr. 24.—25. 16^h—24^h	93	357	Aug. 4.— 5. 0^h— 6^h	110
330	März 28.—29. 12^h—14^h	93	358	Sept. 18.—19. 2^h—10^h	111/112
331	April 16.—18. 20^h— 2^h	94	359	Sept. 19.—20. 10^h— 6^h	112
332	„ 24.—25. 16^h—24^h	94	360	Okt. 31.—Nov. 1. 12^h—20^h	113
333	Mai 5.— 7. 20^h— 4^h	95	361	Dez. 1.— 2. 4^h— 4^h	113
334	Juli 4.— 5. 14^h—22^h	95			
335	Aug. 11.—13. 20^h— 4^h	96		1942	
336	„ 22.—23. 0^h— 6^h	96	362	Febr. 23.—24. 12^h—12^h	114
337	Okt. 3.— 4. 8^h— 6^h	97	363	„ 28.—März 2. 6^h—12^h	114/115
338	„ 13.—14. 0^h— 2^h	97	364	März 2.— 3. 12^h—24^h	116
339	„ 14.—15. 2^h—10^h	98	365	„ 5.— 6. 0^h—18^h	117
			366	„ 8.— 9. 12^h—12^h	118
	1940		367	April 3.— 4. 18^h—24^h	118
340	Jan. 3.— 4. 12^h— 2^h	99	368	Juli 10.—11. 22^h—22^h	119
341	März 23.—26. 20^h— 4^h	99/100	369	Okt. 2.— 3. 0^h—24^h	119/120
342	„ 29.—30. 12^h—20^h	101	370	„ 28.—29. 12^h—24^h	120/121
343	März/April 30.—1. 20^h—4^h	102	371	Nov. 23.—24. 12^h—24^h	121/122
344	April 2.— 3. 16^h—24^h	102			
345	„ 25.—26. 12^h— 6^h	103		1943	
346	Mai 23.—24. 16^h—24^h	103	372	Jan. 20.—21. 12^h— 6^h	123
347	Juni 25.—26. 0^h— 6^h	104	373	Aug. 8.— 9. 12^h— 6^h	123
348	Juli 13. 8^h—22^h	104	374	Aug./Sept. 30.—1. 0^h— 4^h	124
349	Aug. 3. 8^h—22^h	105	375	Nov. 23.—24. 8^h— 6^h	125
350	Sept. 26.—27. 14^h—10^h	105	376	„ 26.—27. 10^h— 6^h	125
351	Okt. 7.— 8. 4^h— 6^h	106			
352	Nov. 25.—26. 4^h—12^h	106		1944	
			377	Febr. 7.— 8. 8^h— 6^h	126
	1941		378	März 26.—27. 20^h—14^h	126
353	März 1.— 2. 2^h— 4^h	107/108	379	April 1.— 2. 16^h—16^h	127
354	„ 30.—31. 8^h—14^h	108	380	„ 2.— 3. 16^h—16^h	127
355	April 24.—25. 4^h—12^h	109	381	Dez. 15.—16. 18^h—24^h	128
356	Juli 4.— 6. 22^h— 2^h	109/110	382	„ 17.—18. 0^h— 6^h	128

c) Tagesmittel der Komponenten

in Abweichung vom Normalwert

Abb. 1. Pantograph, Gesamtansicht

Abb. 2. Pantograph, Draufsicht

Der Kurvenpantograph nach Adolf Schmidt
(Neue Bauweise Mating & Wiesenberg, Potsdam)

Beispiele zur Wirkungsweise des Kurvenpantographen

Täglicher Gang an einem ungestörten Tag

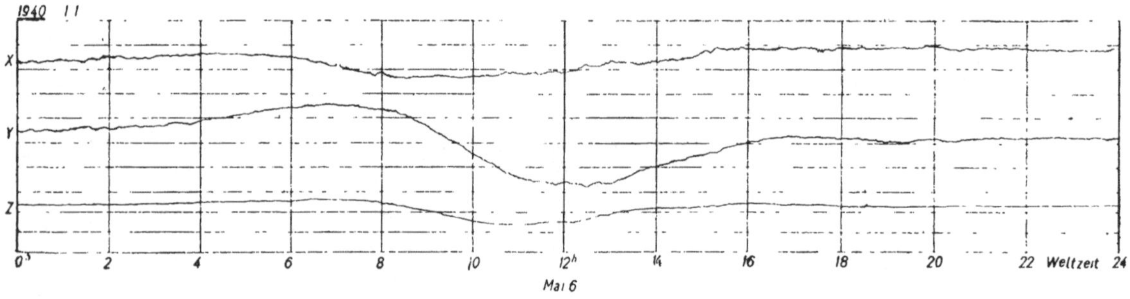

Verkleinerter Abdruck der Originalkurven

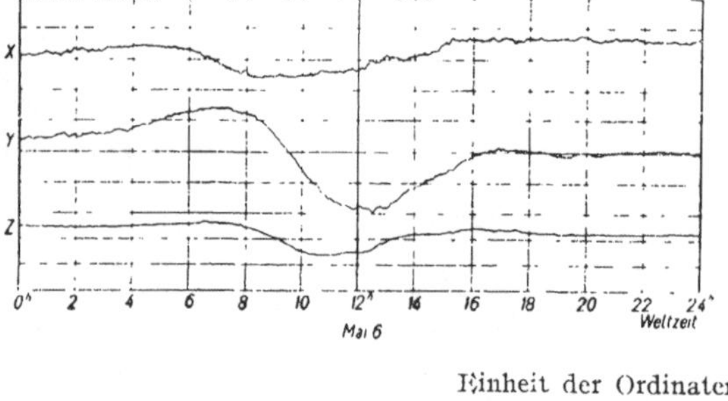

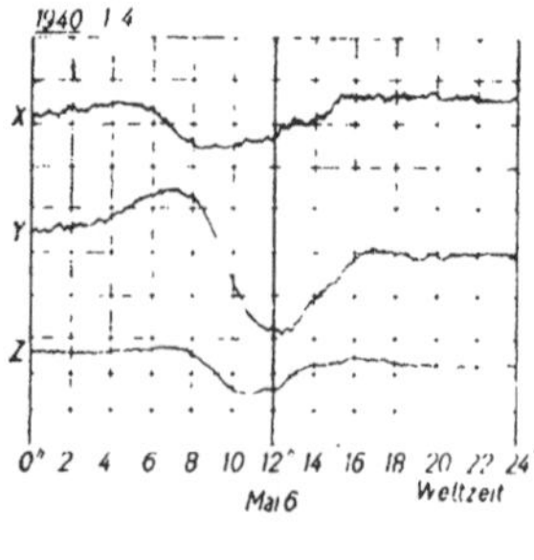

Einheit der Ordinaten 20γ

Verkleinerung in der Abszisse (Zeit) im Verhältnis 1 : 2

Verkleinerung in der Abszisse (Zeit) im Verhältnis 1 : 4

Verkleinerung in der Abszisse (Zeit)
im Verhältnis 1 : 8

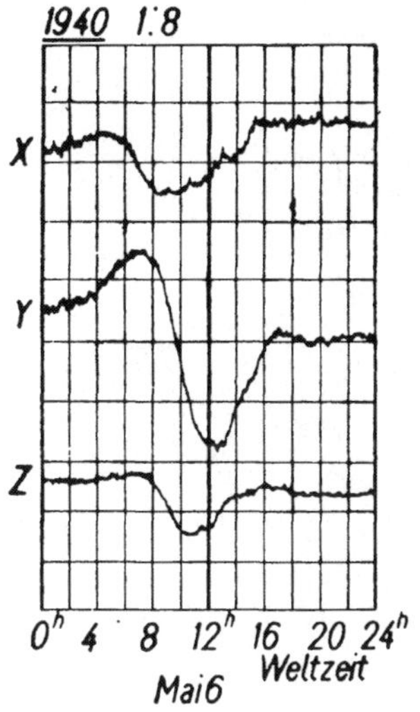

Einheit der Ordinaten 20γ

Baystörung

Verkleinerung in der Ordinate (Amplitude) im Verhältnis 1 : 2 und 1 : 4

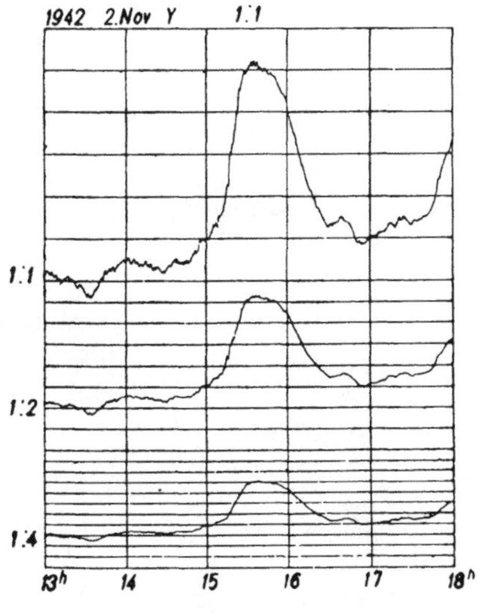

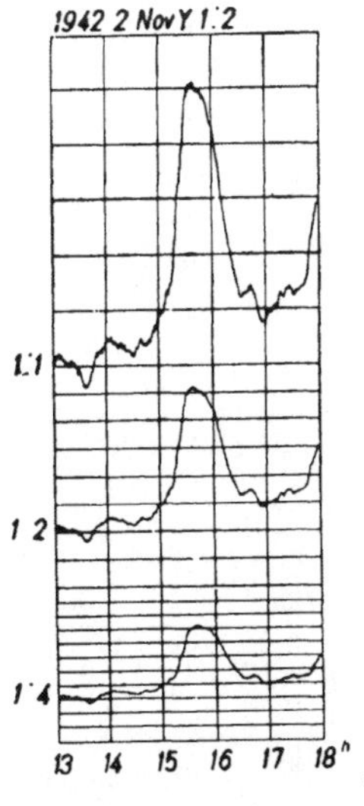

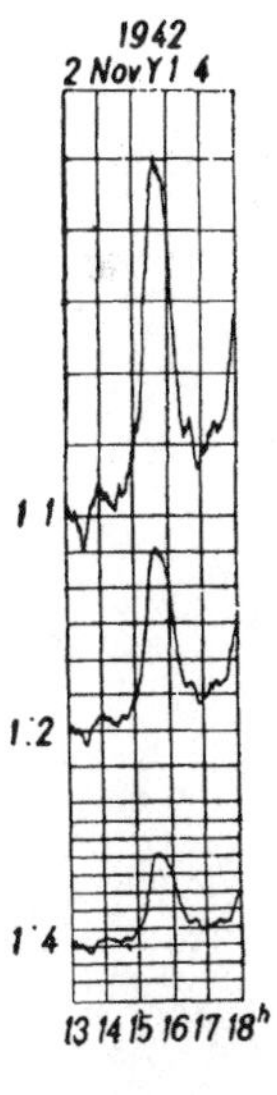

Einheit der Ordinaten 20γ

Abszisse (Zeit)
im Maßstab 1 : 1

Verkleinerung
in der Abszisse (Zeit)
im Verhältnis 1 : 2

Verkleinerung
in der Abszisse (Zeit)
im Verhältnis 1 : 4

Störungskurven

Verkleinerter Abdruck der Originale

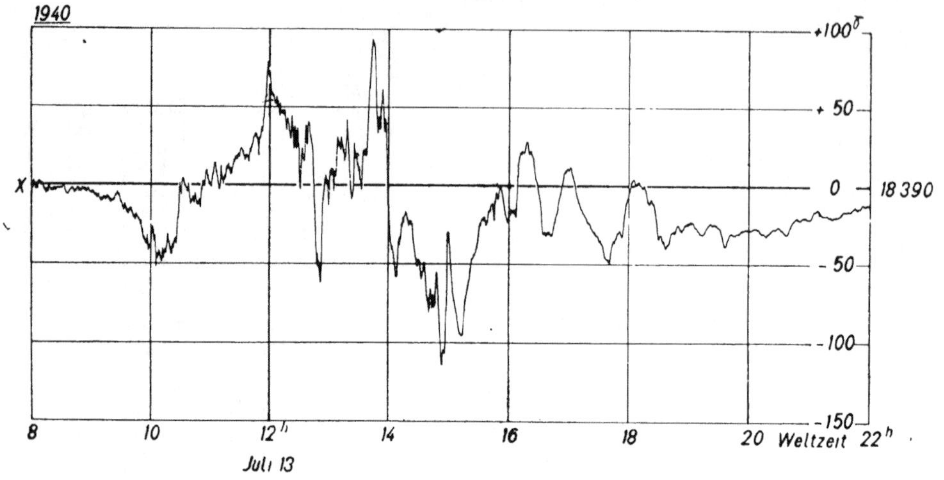

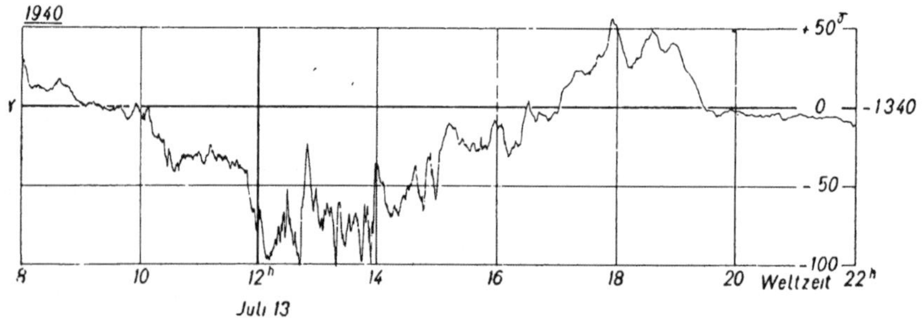

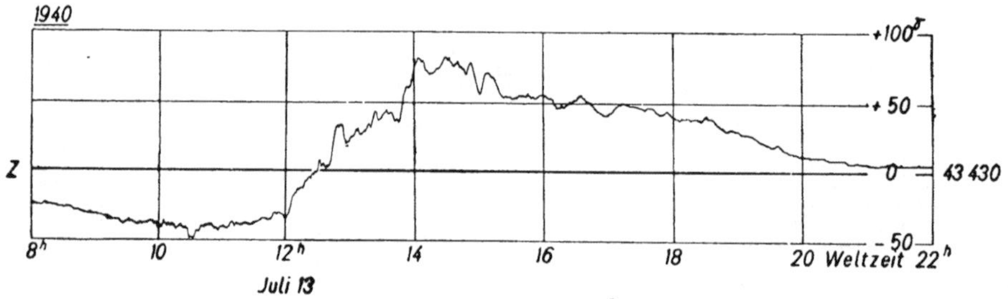

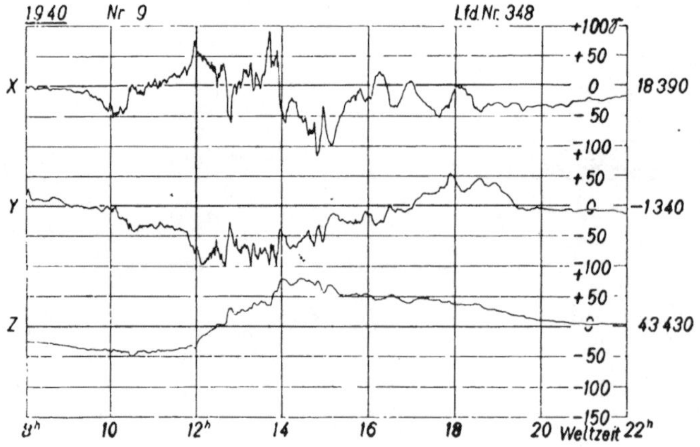

Die Nullinien entsprechen dem Durchschnitt der 10 Tage von Juli 3 bis 12

Als Störungskurven schon veröffentlicht

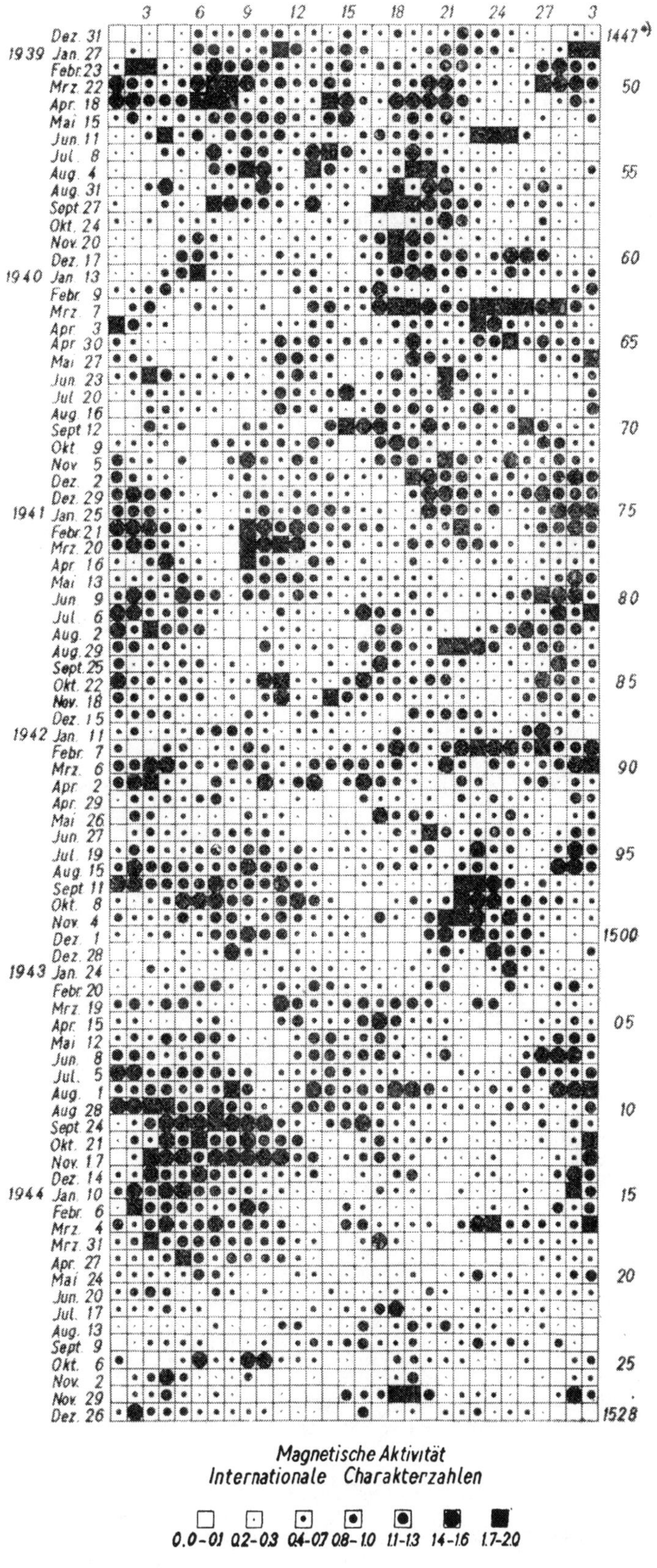

Erdmagnetische Aktivität in 27tägigen Zyklen dargestellt

*) Laufende Nummer der Sonnenrotation nach J. Bartels.

Zeichnerische Darstellungen

Niemegk

Astronomische Koordinaten: $\varphi = 52° 4'.3$, $\lambda = 12° 40'.5$ E. v. Grw.
$= 0^h 50^m 42^s.0$ E. v. Grw.

Geomagnetische Koordinaten: $\Phi = 52° 15'$, $\Lambda = 96° 34'$, $\psi = -18° 48'$

Höhe über N. N.: 78 m

Bay-Störungen

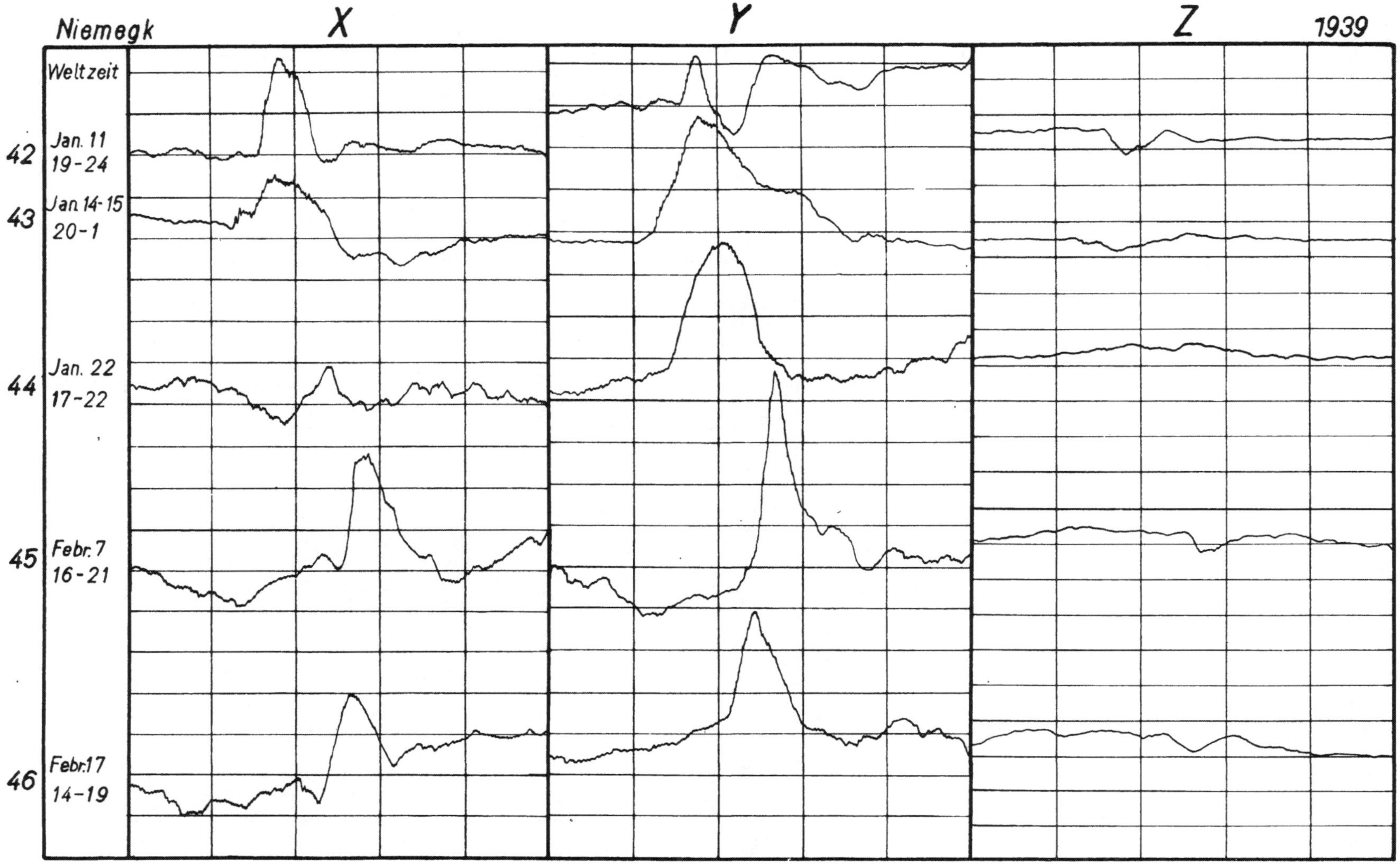

Einheit der Ordinaten 20γ. Die Ungleichheit der Teilung ist durch die Verschiedenheit der Skalenwerte bedingt

Bay-Störungen

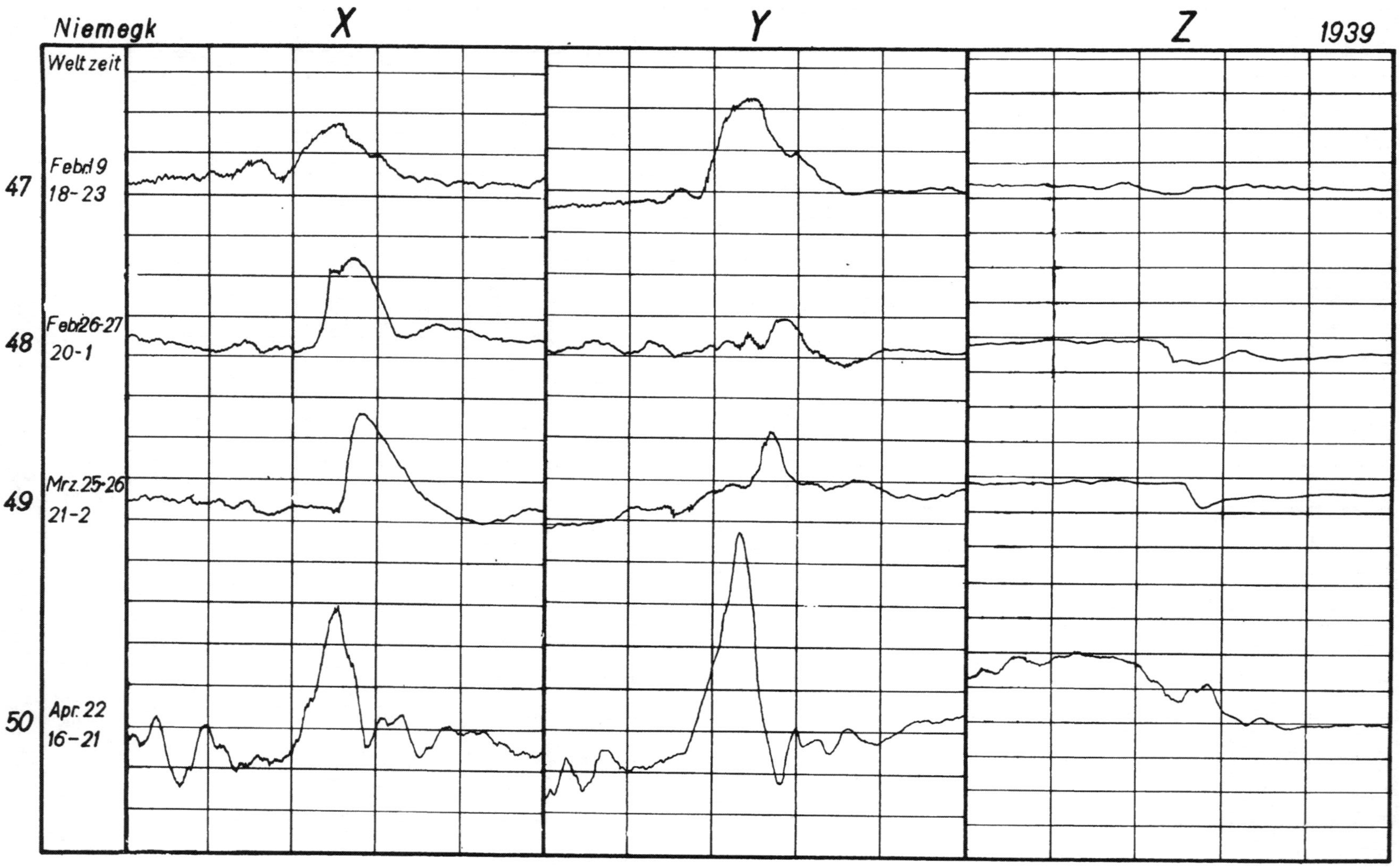

Einheit der Ordinaten 20γ. Die Ungleichheit der Teilung ist durch die Verschiedenheit der Skalenwerte bedingt

Bay-Störungen

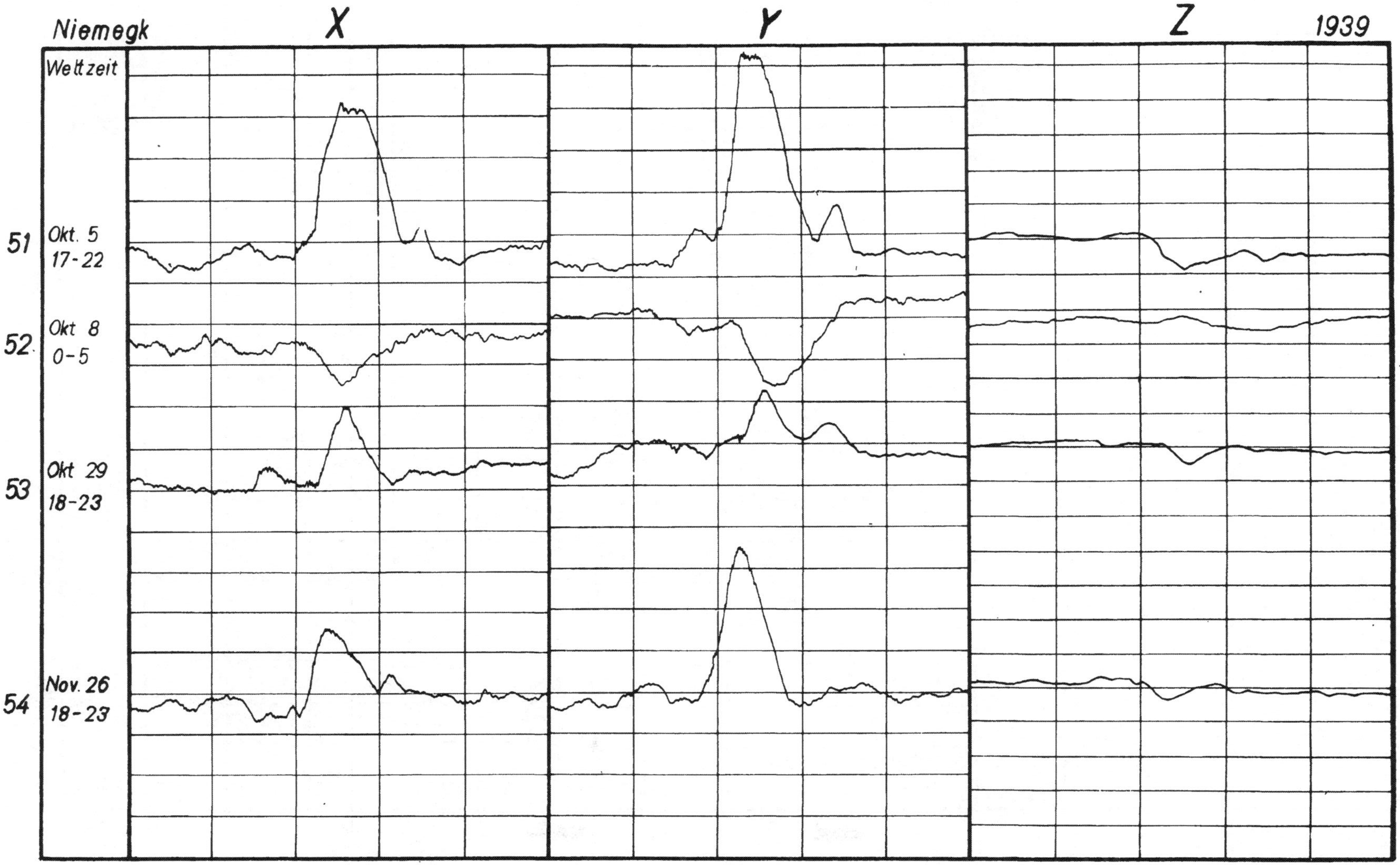

Einheit der Ordinaten 20γ. Die Ungleichheit der Teilung ist durch die Verschiedenheit der Skalenwerte bedingt

Bay-Störungen

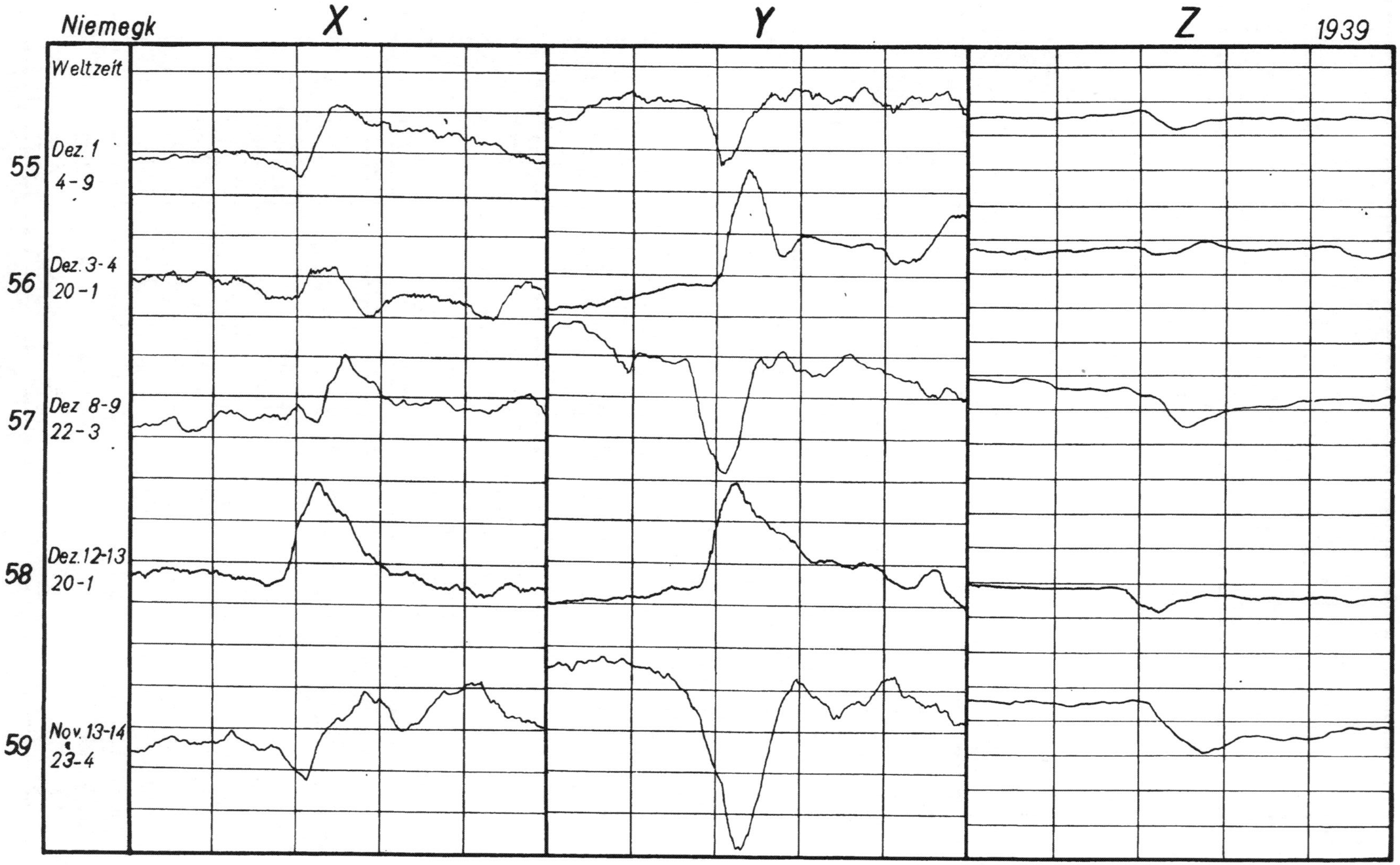

Einheit der Ordinaten 20γ. Die Ungleichheit der Teilung ist durch die Verschiedenheit der Skalenwerte bedingt

Bay-Störungen

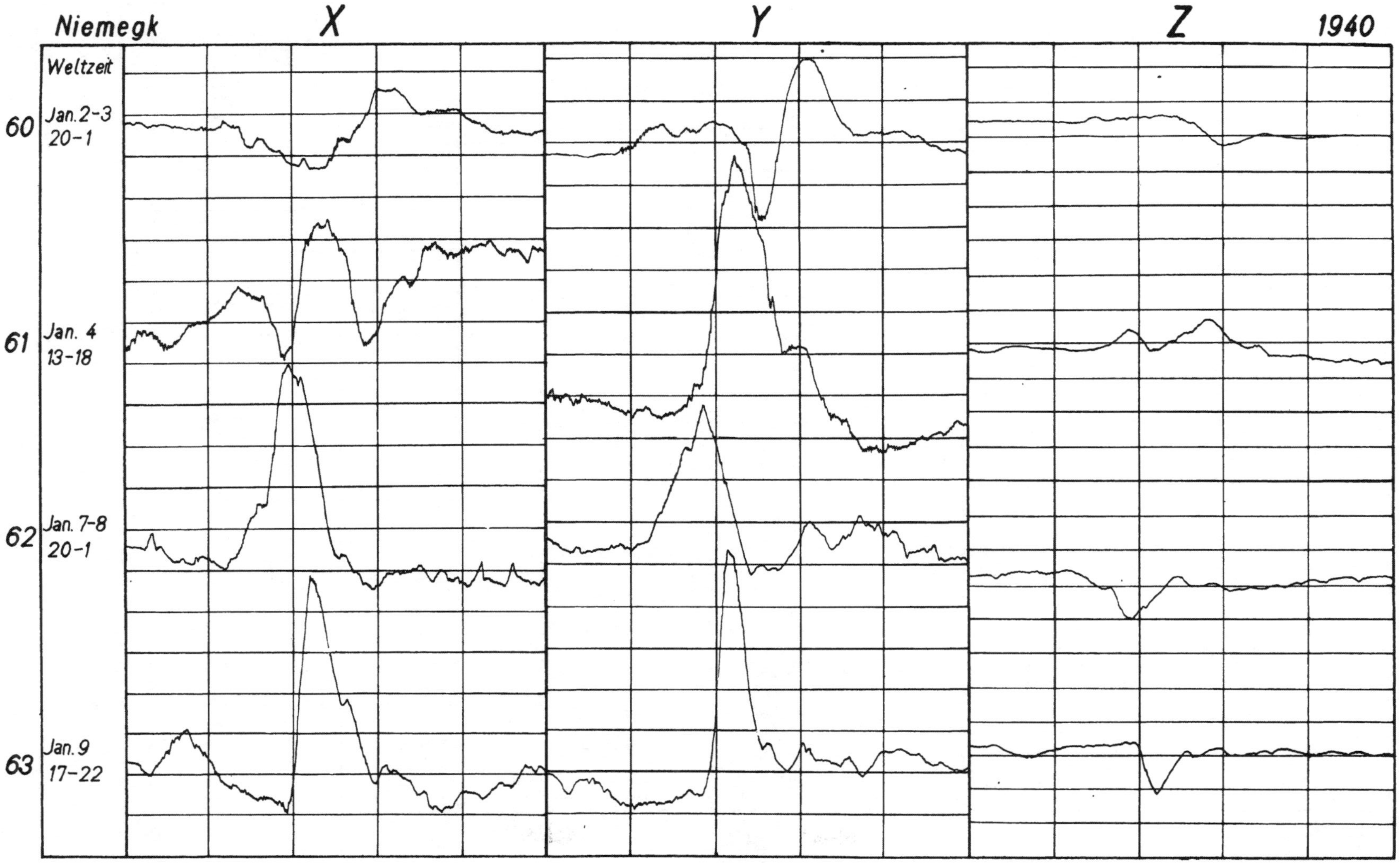

Einheit der Ordinaten 20γ. Die Ungleichheit der Teilung ist durch die Verschiedenheit der Skalenwerte bedingt

Bay-Störungen

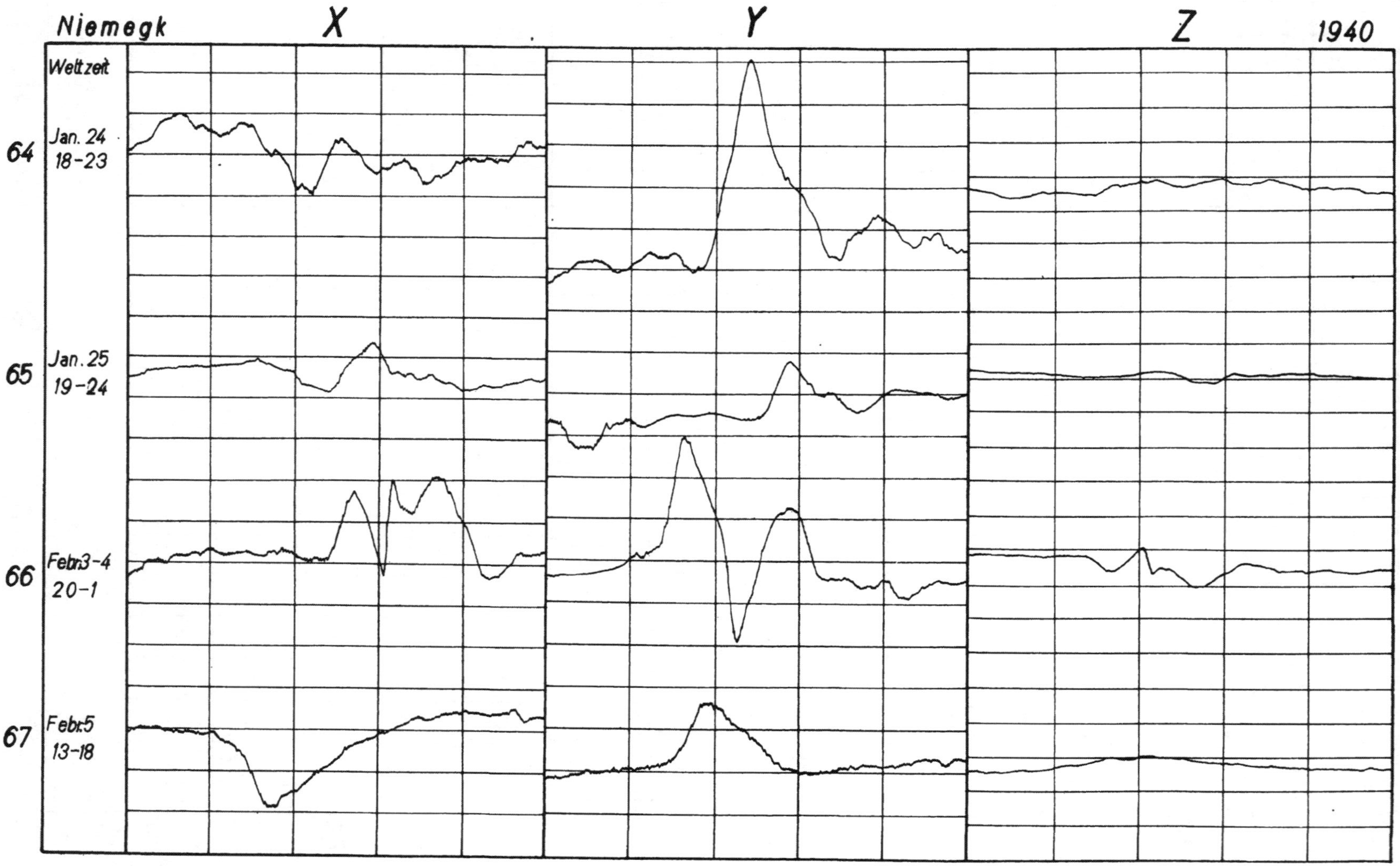

Einheit der Ordinaten 20γ. Die Ungleichheit der Teilung ist durch die Verschiedenheit der Skalenwerte bedingt

Bay-Störungen

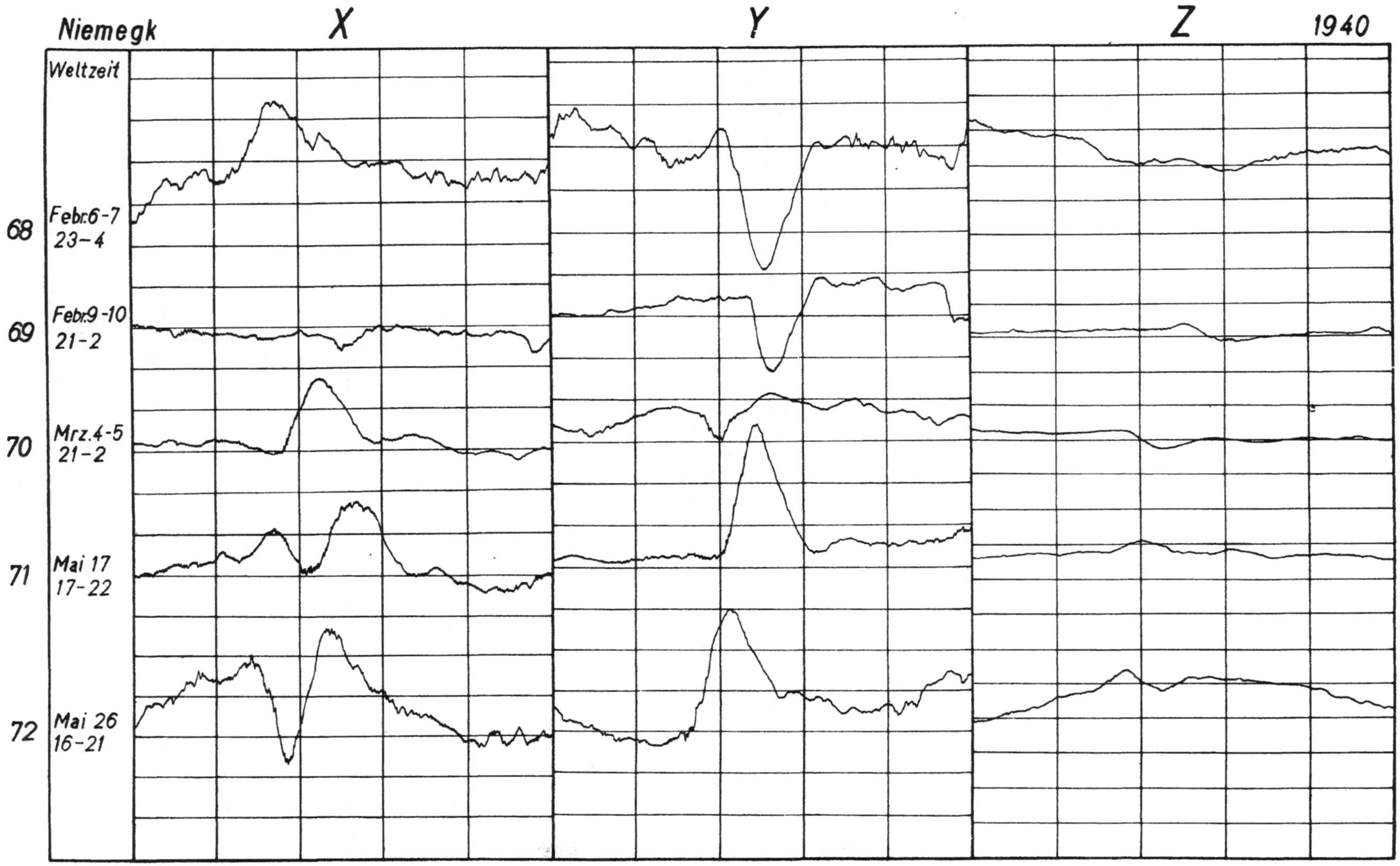

Einheit der Ordinaten 20γ. Die Ungleichheit der Teilung ist durch die Verschiedenheit der Skalenwerte bedingt

Bay-Störungen

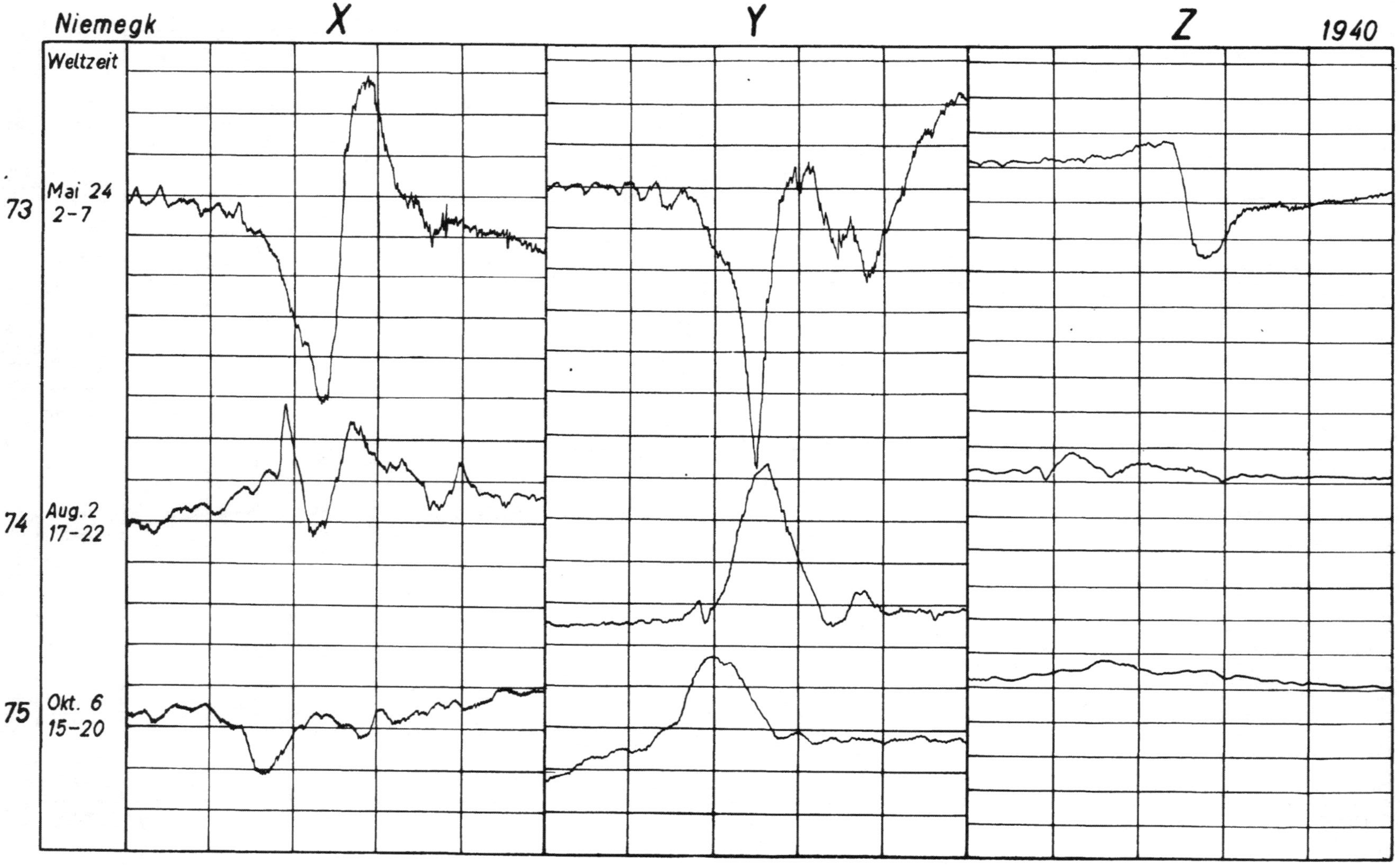

Einheit der Ordinaten 20γ. Die Ungleichheit der Teilung ist durch die Verschiedenheit der Skalenwerte bedingt

Bay-Störungen

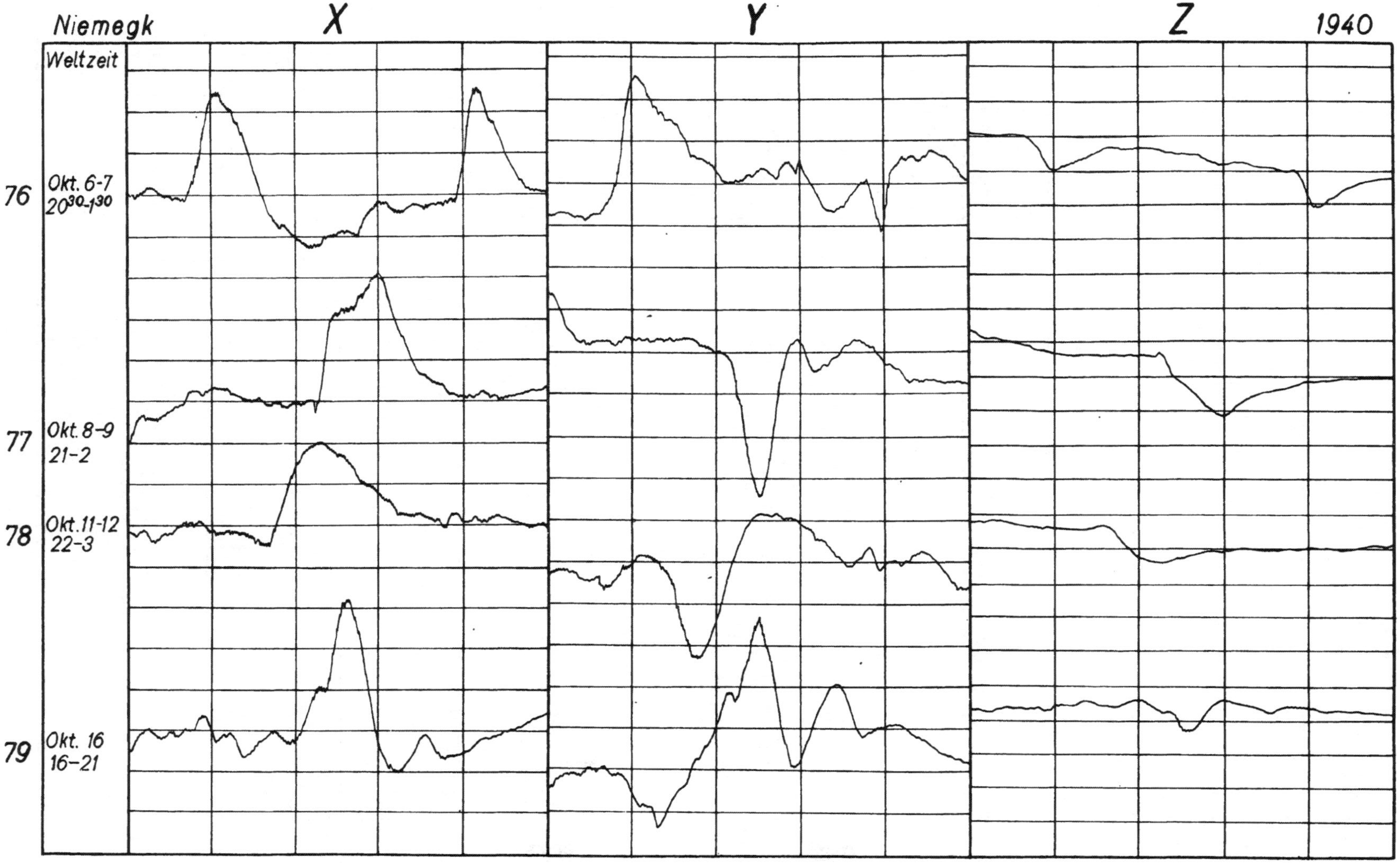

Einheit der Ordinaten 20γ. Die Ungleichheit der Teilung ist durch die Verschiedenheit der Skalenwerte bedingt.

Bay-Störungen

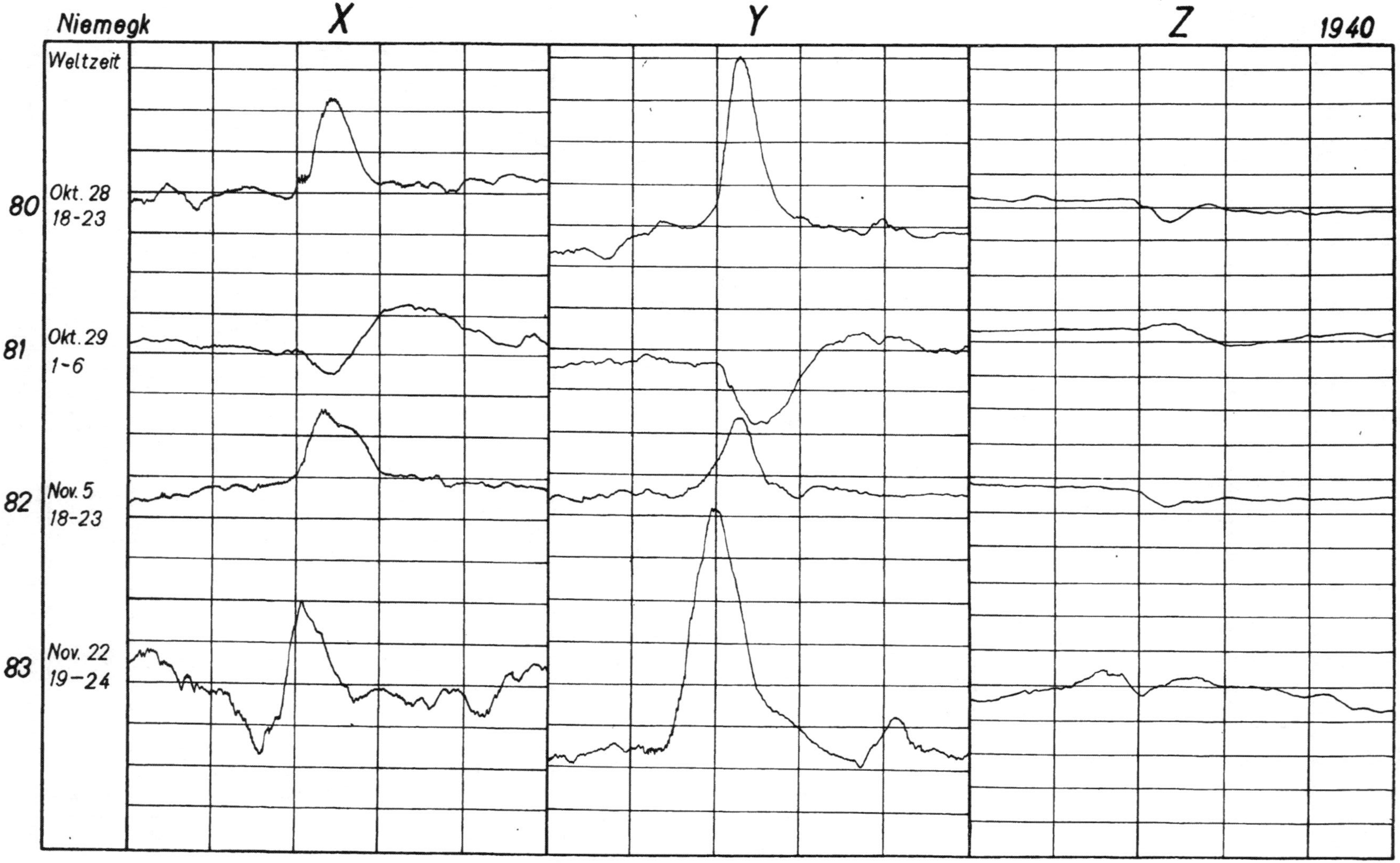

Einheit der Ordinaten 20γ. Die Ungleichheit der Teilung ist durch die Verschiedenheit der Skalenwerte bedingt

Bay-Störungen

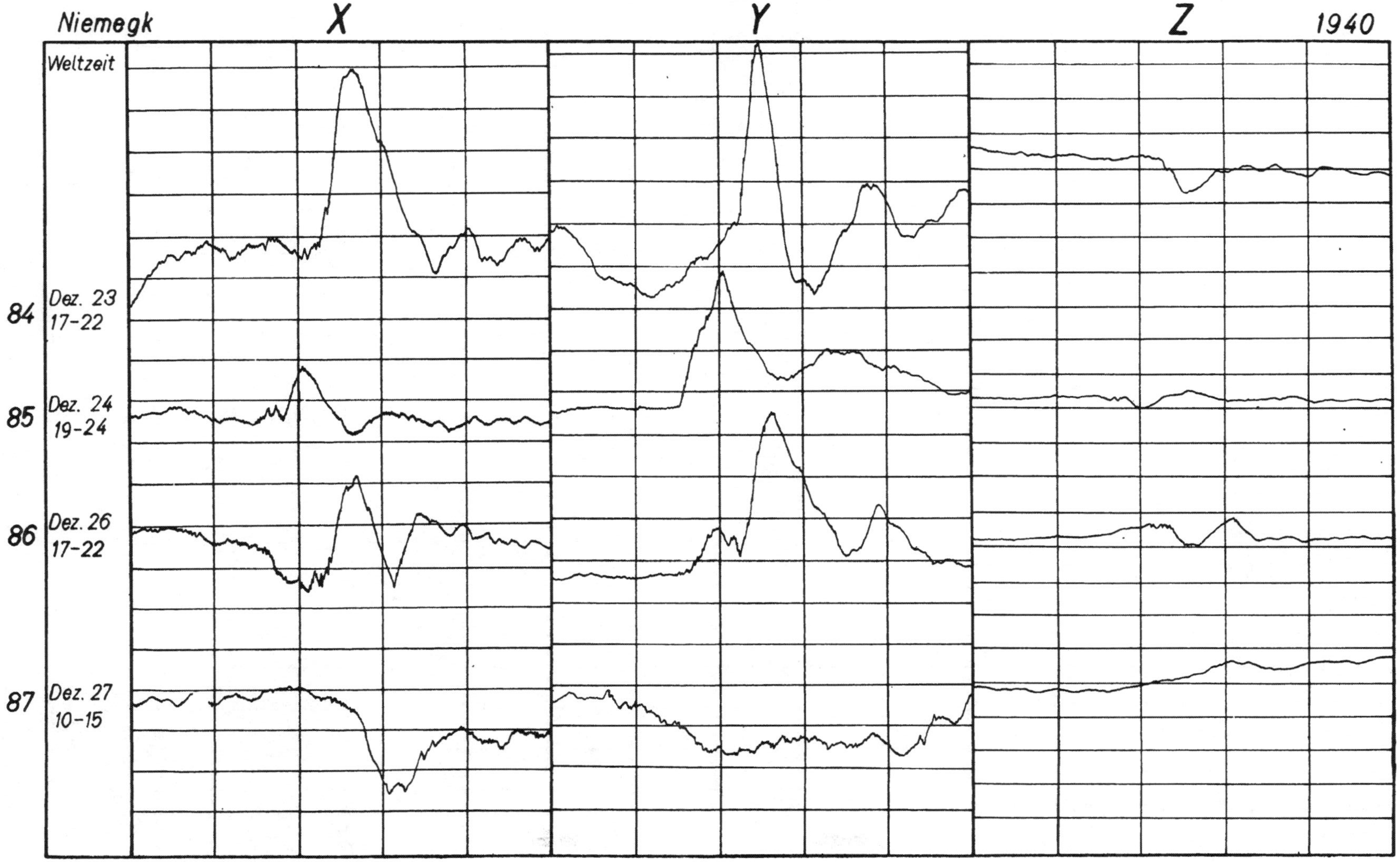

Einheit der Ordinaten 20γ. Die Ungleichheit der Teilung ist durch die Verschiedenheit der Skalenwerte bedingt

Bay-Störungen

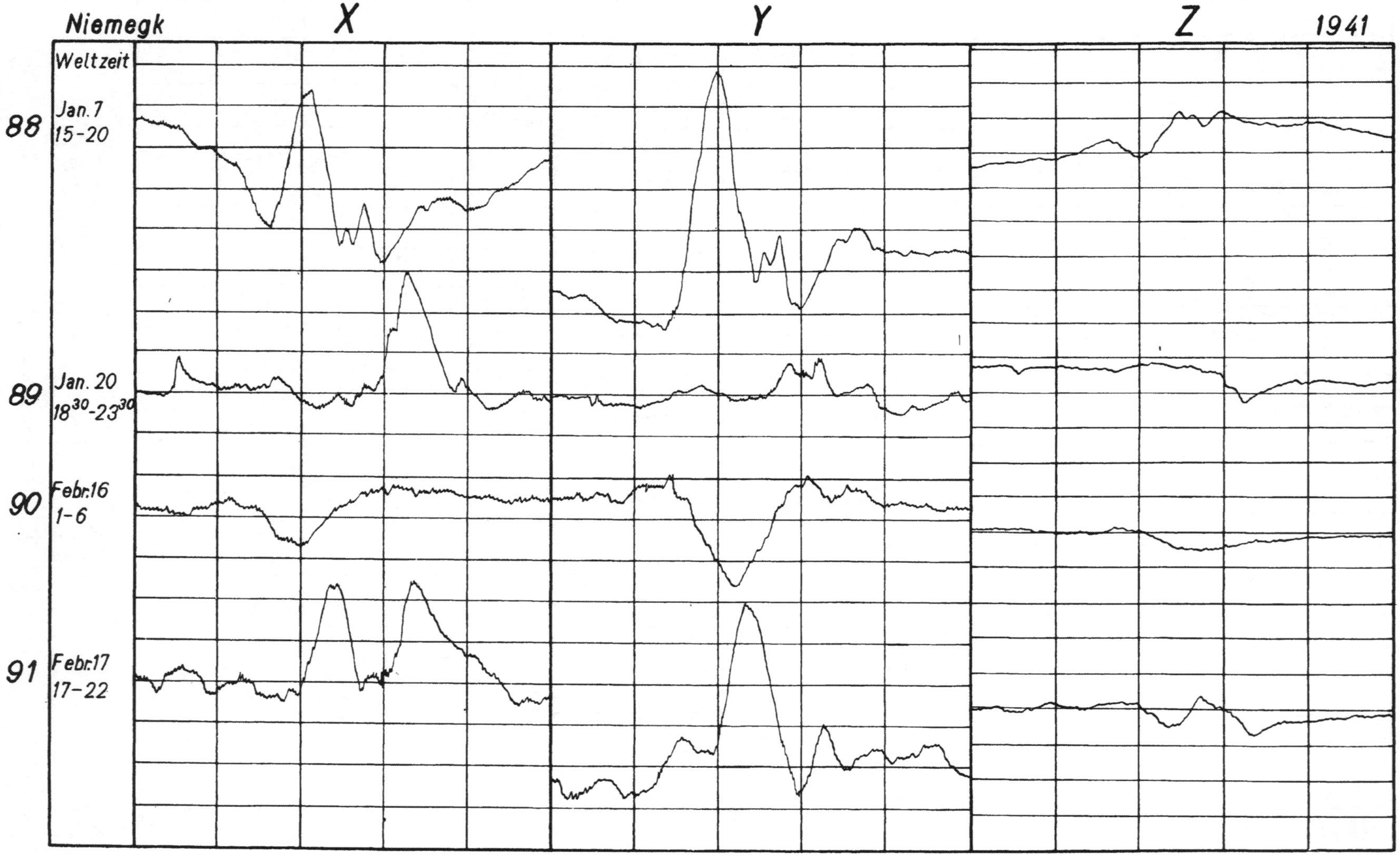

Einheit der Ordinaten 20γ. Die Ungleichheit der Teilung ist durch die Verschiedenheit der Skalenwerte bedingt

Bay-Störungen

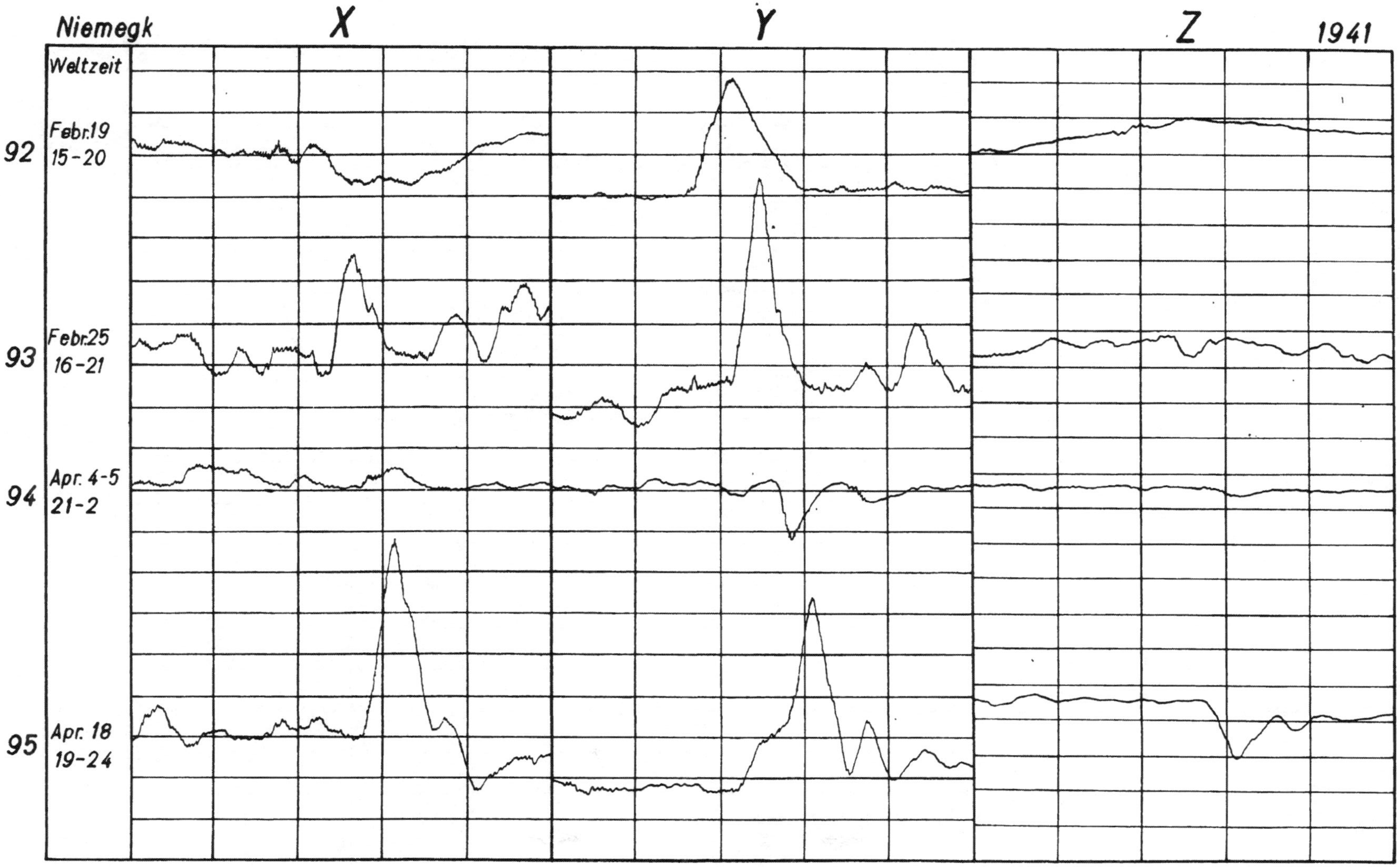

Einheit der Ordinaten 20γ. Die Ungleichheit der Teilung ist durch die Verschiedenheit der Skalenwerte bedingt.

Bay-Störungen

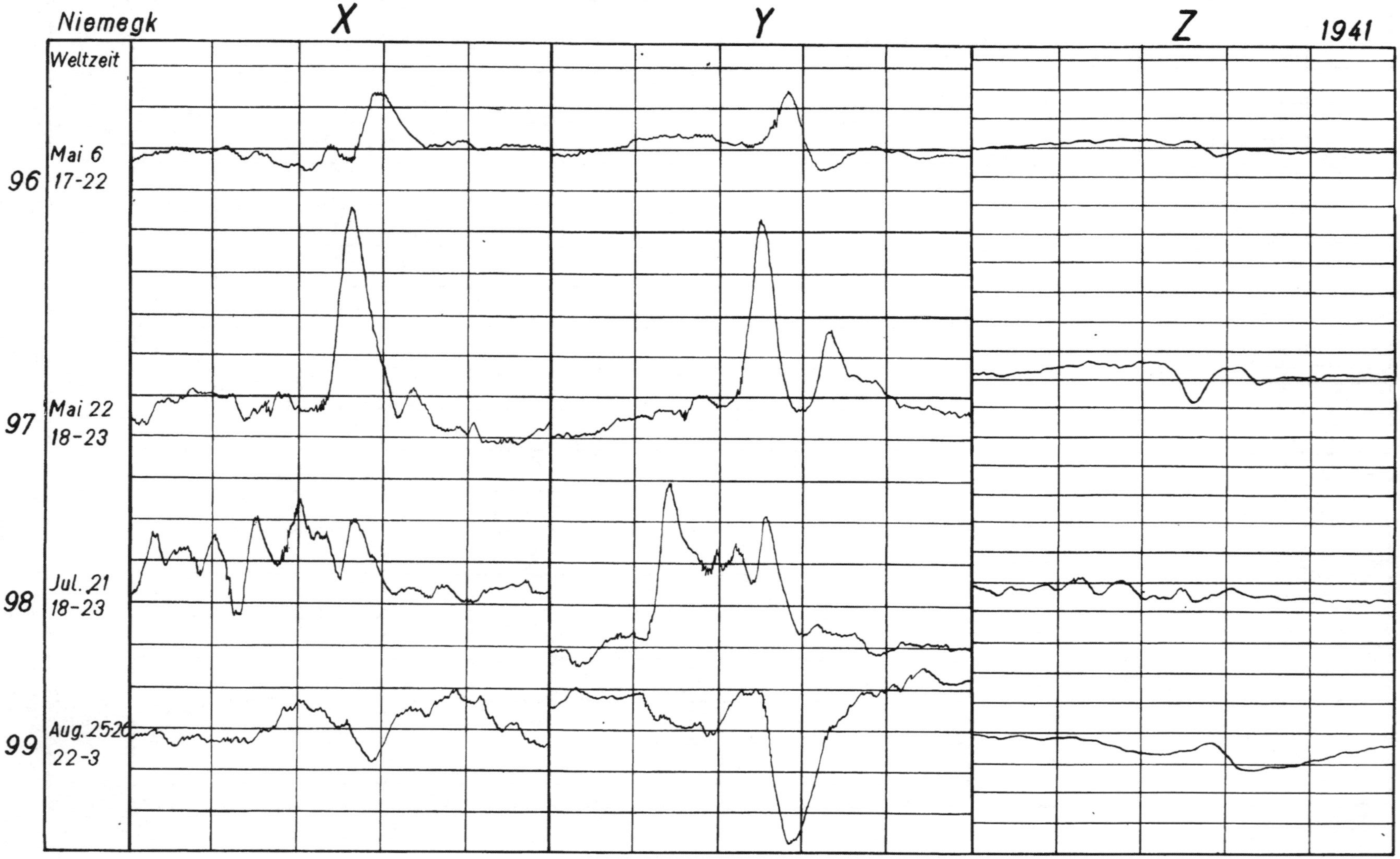

Einheit der Ordinaten 20γ. Die Ungleichheit der Teilung ist durch die Verschiedenheit der Skalenwerte bedingt

Bay-Störungen

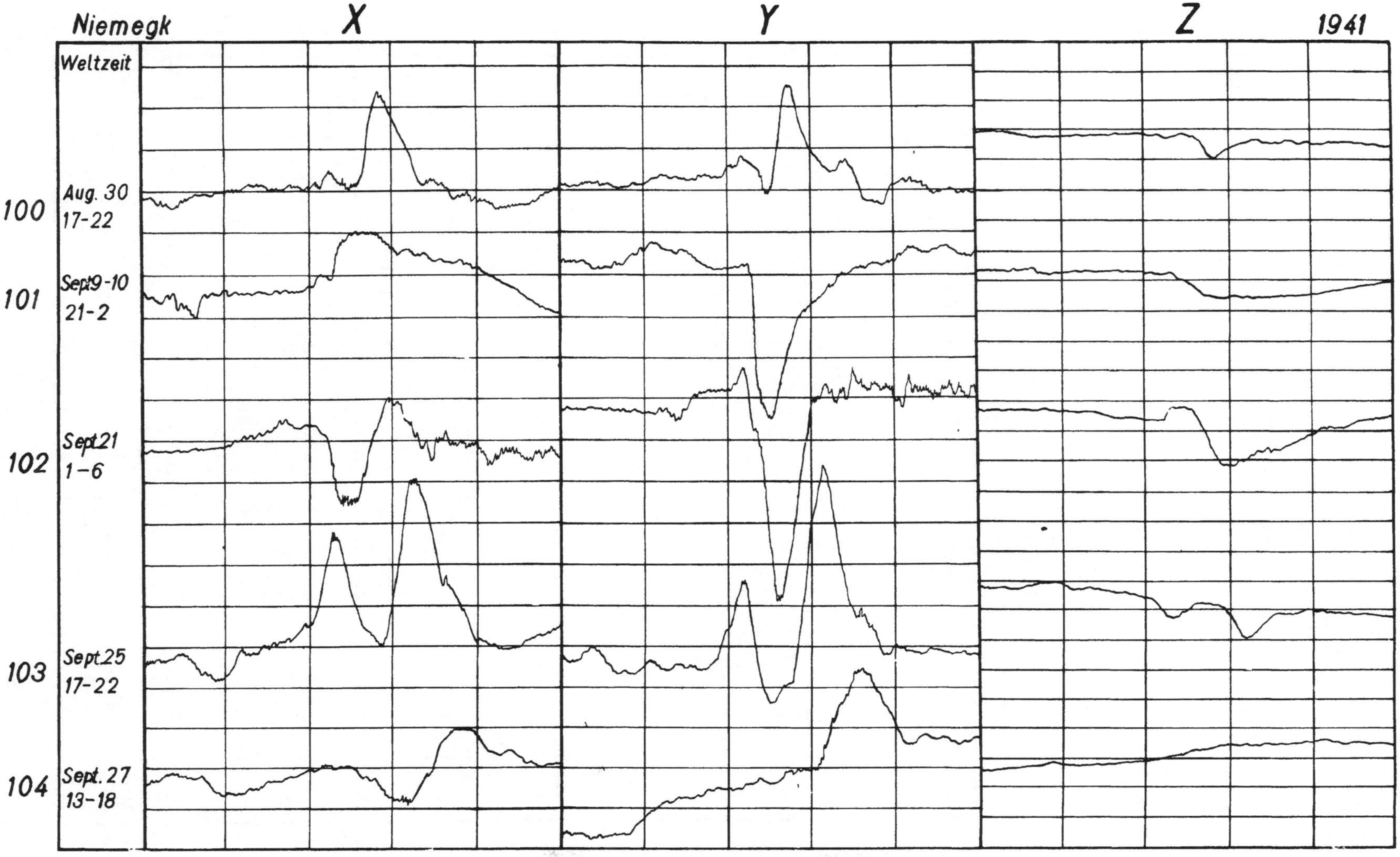

Einheit der Ordinaten 20γ. Die Ungleichheit der Teilung ist durch die Verschiedenheit der Skalenwerte bedingt

Bay-Störungen

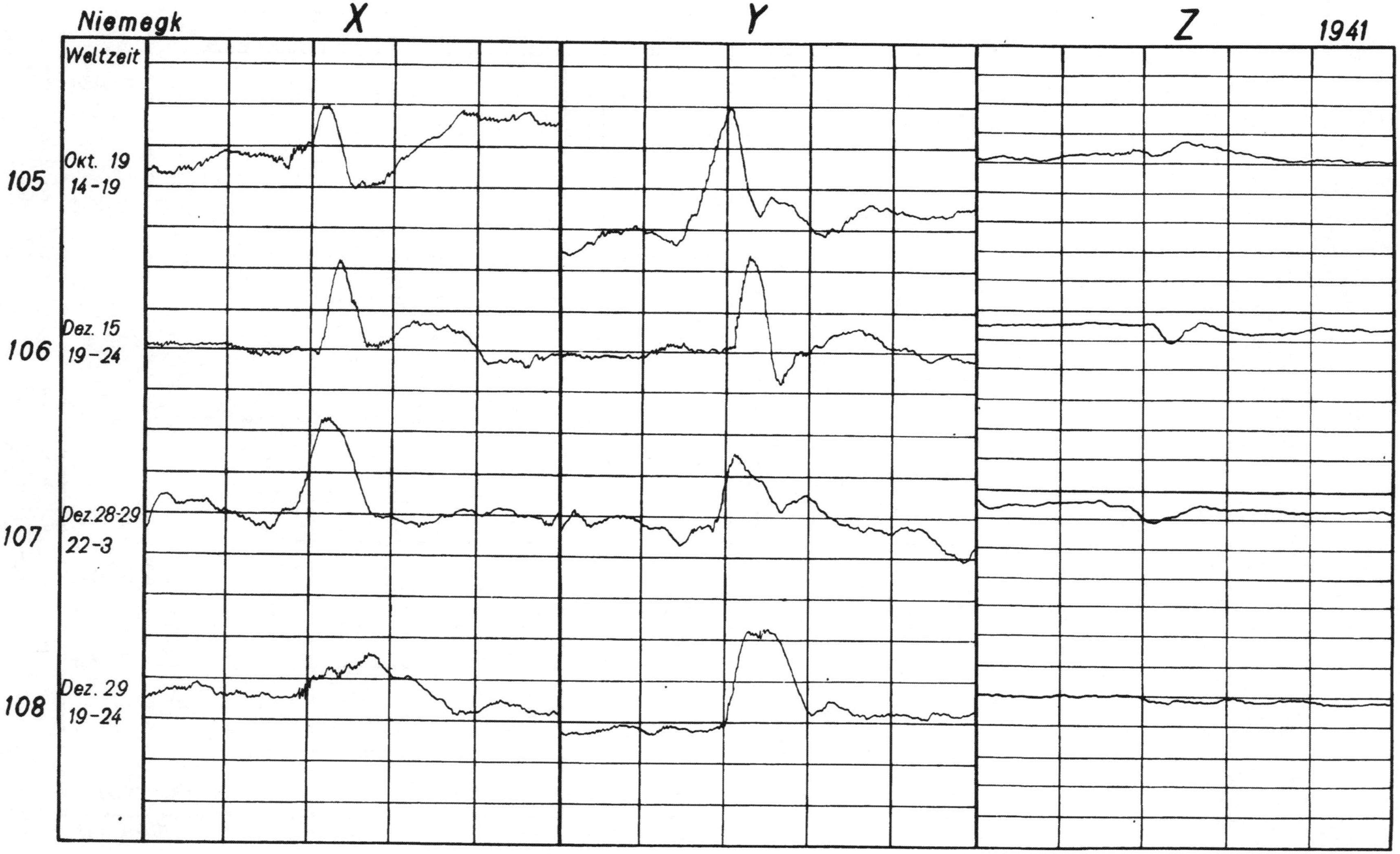

Einheit der Ordinaten 20γ. Die Ungleichheit der Teilung ist durch die Verschiedenheit der Skalenwerte bedingt.

Bay-Störungen

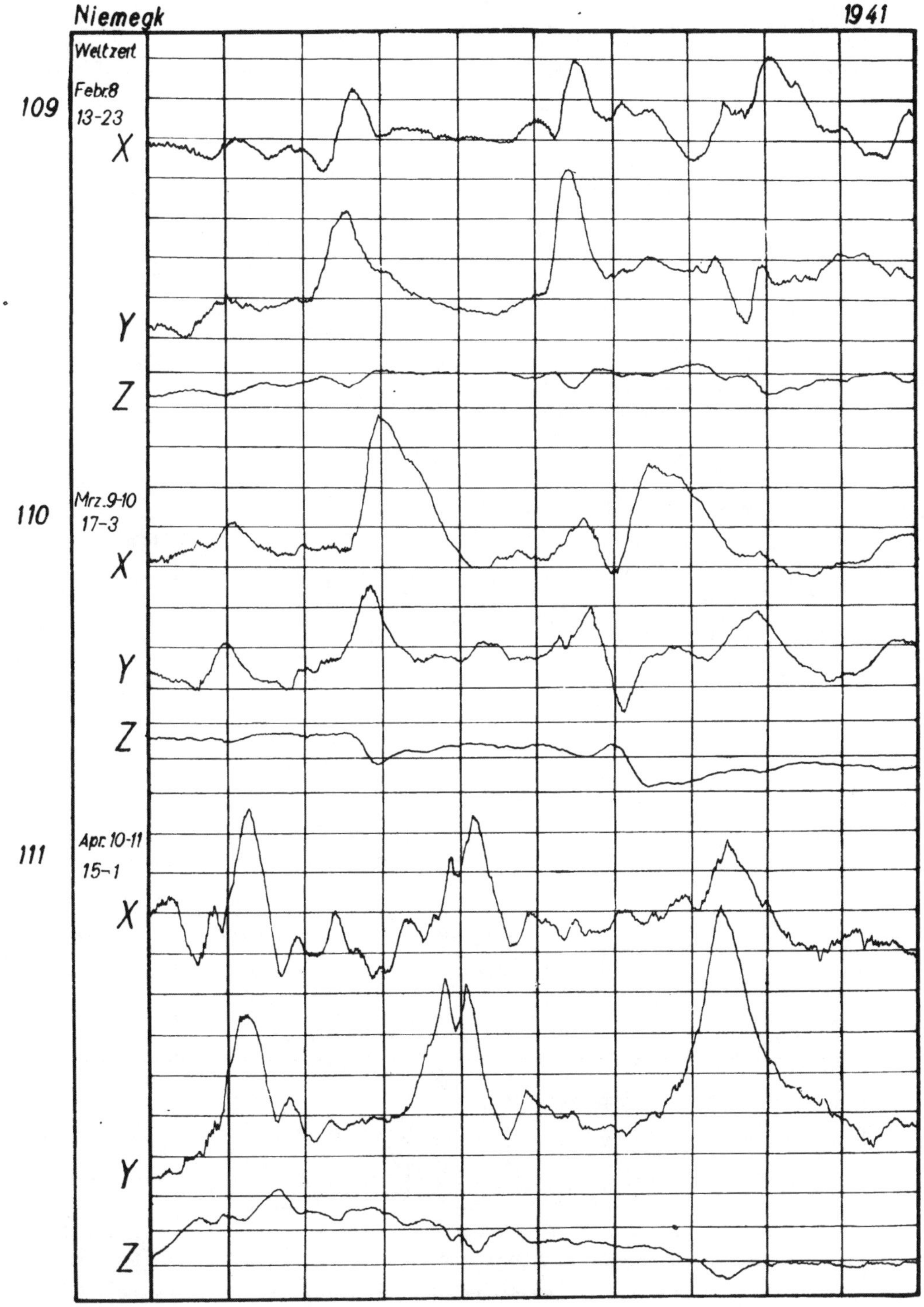

Einheit der Ordinaten 20γ. Die Ungleichheit der Teilung ist durch die Verschiedenheit der Skalenwerte bedingt.

Bay-Störungen

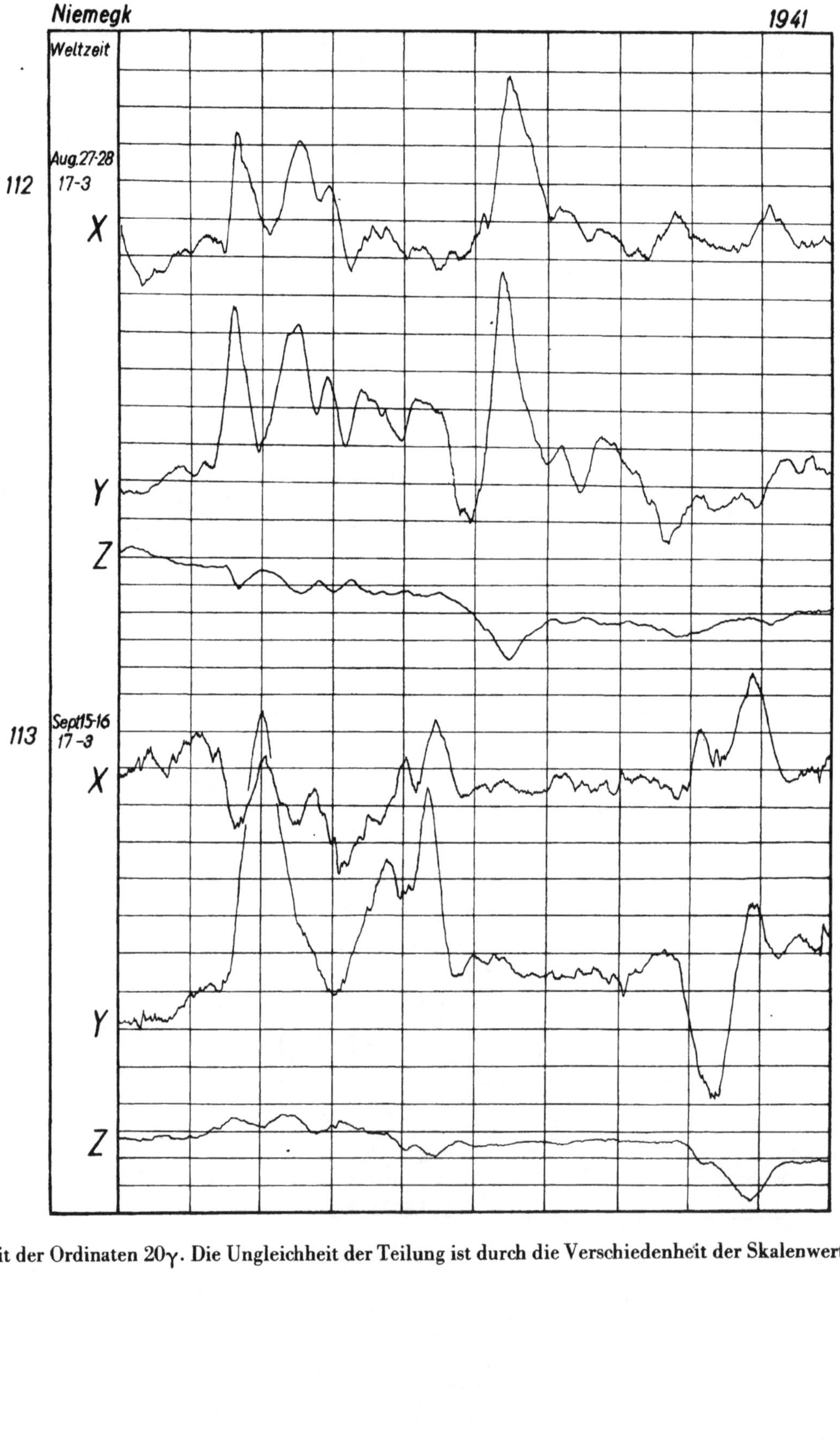

Einheit der Ordinaten 20γ. Die Ungleichheit der Teilung ist durch die Verschiedenheit der Skalenwerte bedingt.

Bay-Störungen

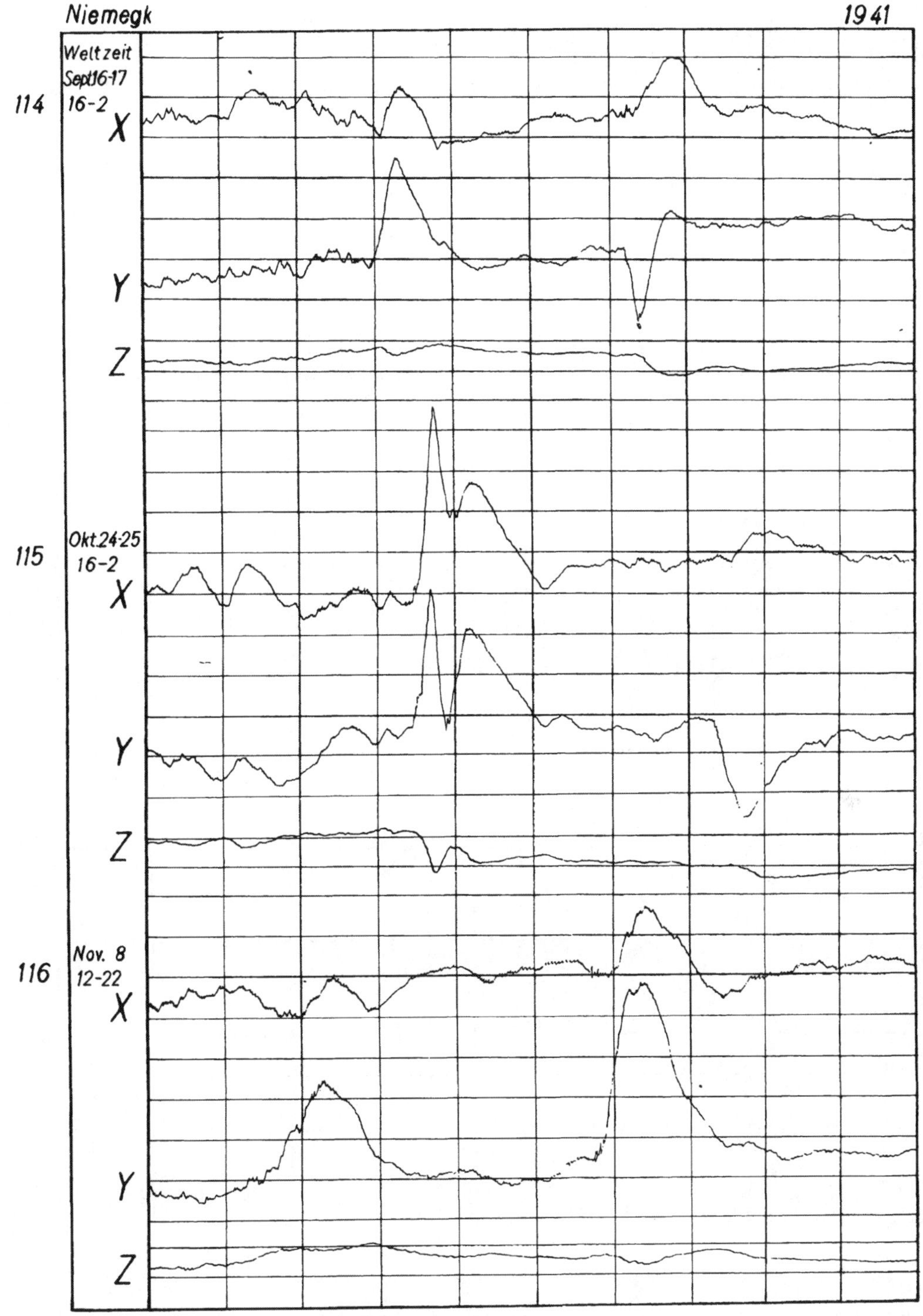

Einheit der Ordinaten 20γ. Die Ungleichheit der Teilung ist durch die Verschiedenheit der Skalenwerte bedingt

Bay-Störungen

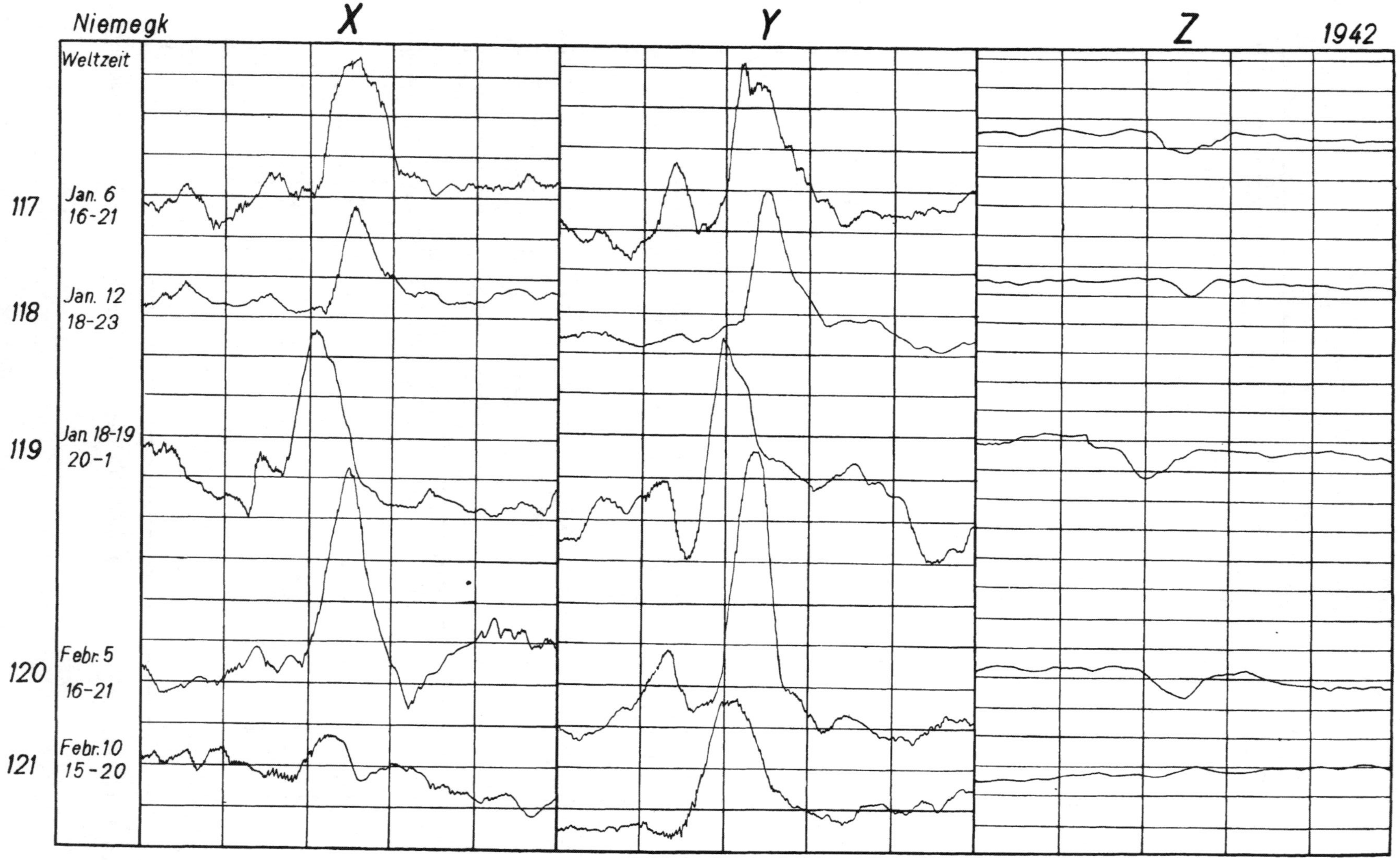

Einheit der Ordinaten 20γ. Die Ungleichheit der Teilung ist durch die Verschiedenheit der Skalenwerte bedingt

Bay-Störungen

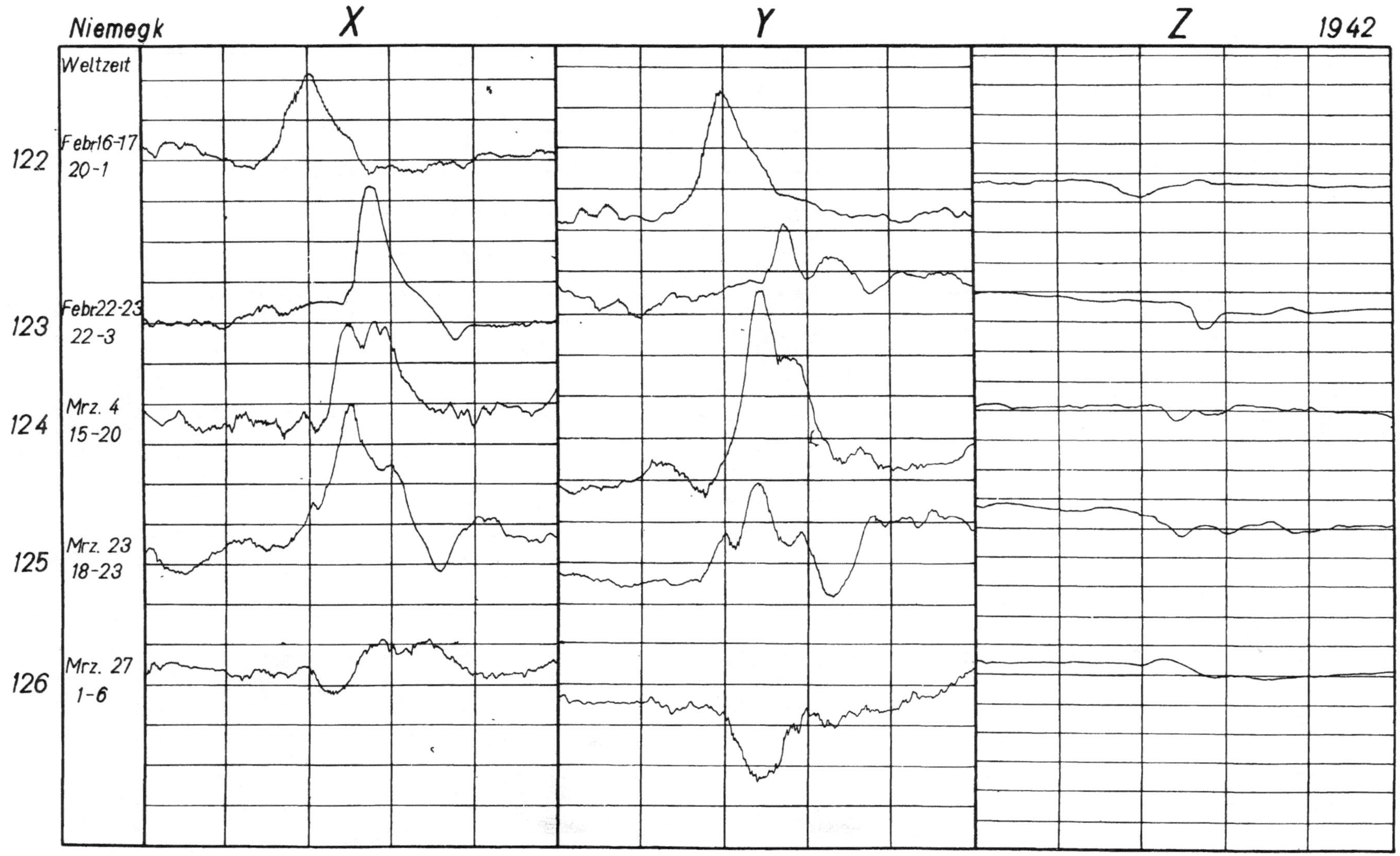

Einheit der Ordinaten 20γ. Die Ungleichheit der Teilung ist durch die Verschiedenheit der Skalenwerte bedingt

Bay-Störungen

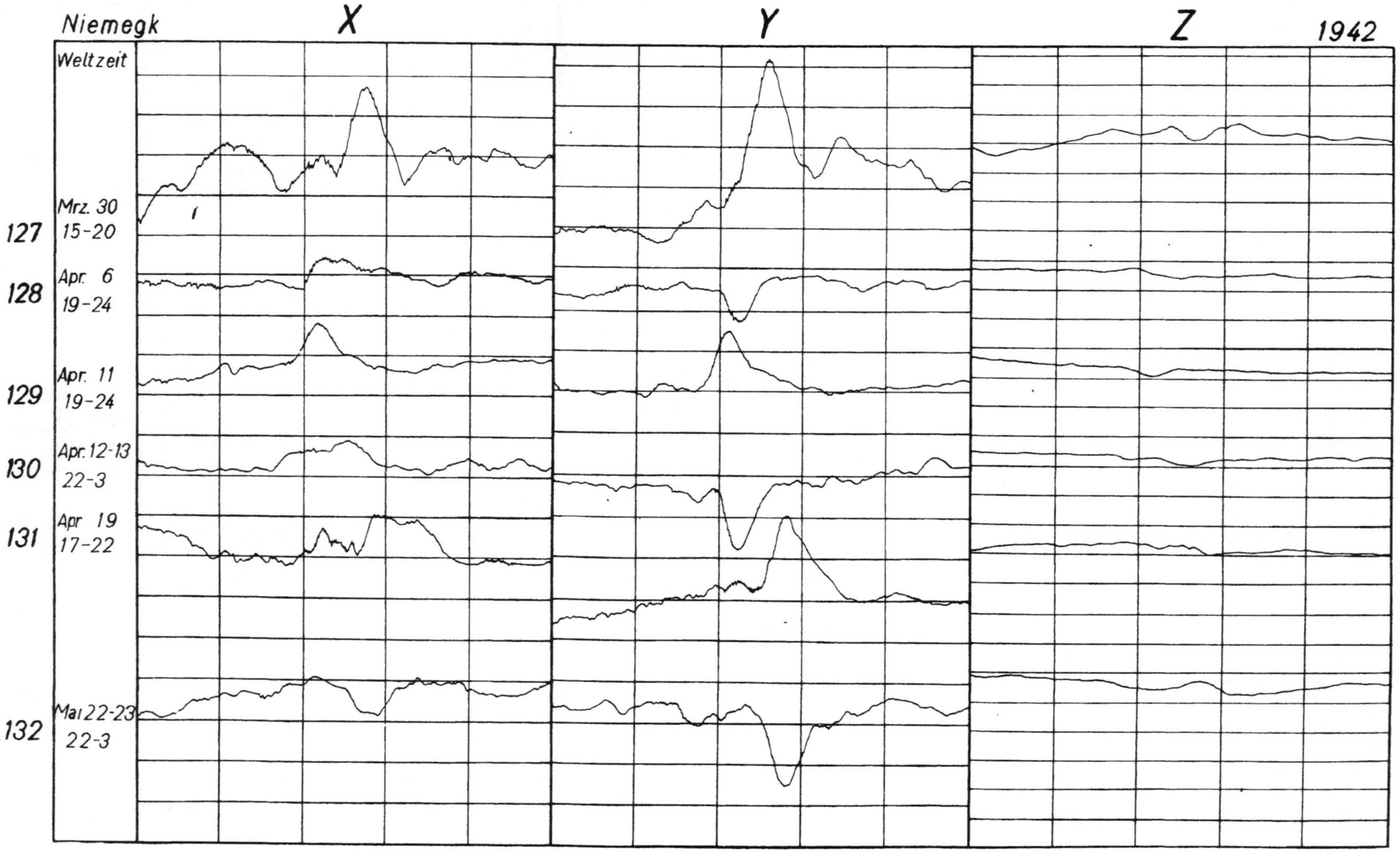

Einheit der Ordinaten 20γ. Die Ungleichheit der Teilung ist durch die Verschiedenheit der Skalenwerte bedingt

Bay-Störungen

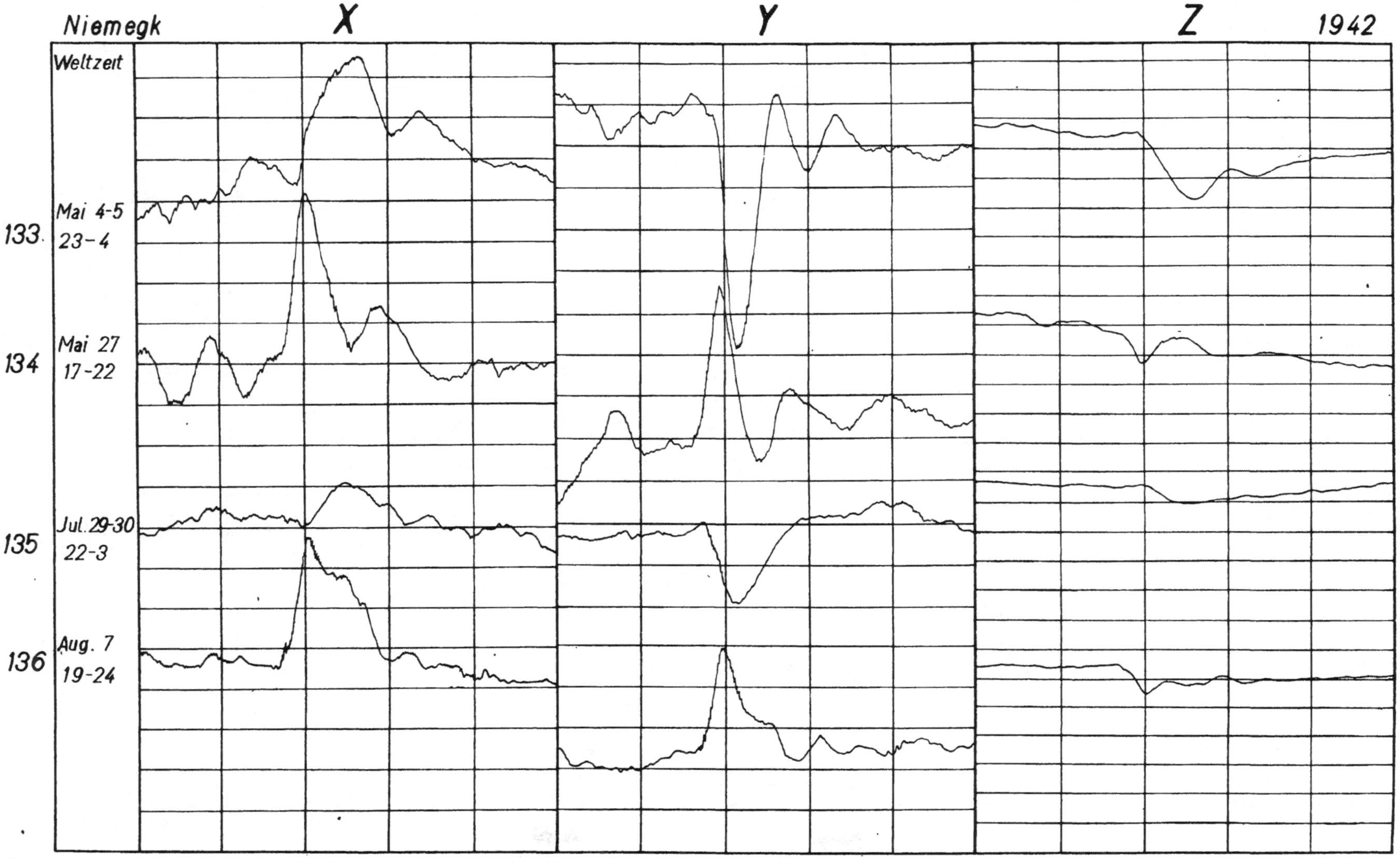

Einheit der Ordinaten 20γ. Die Ungleichheit der Teilung ist durch die Verschiedenheit der Skalenwerte bedingt

Bay-Störungen

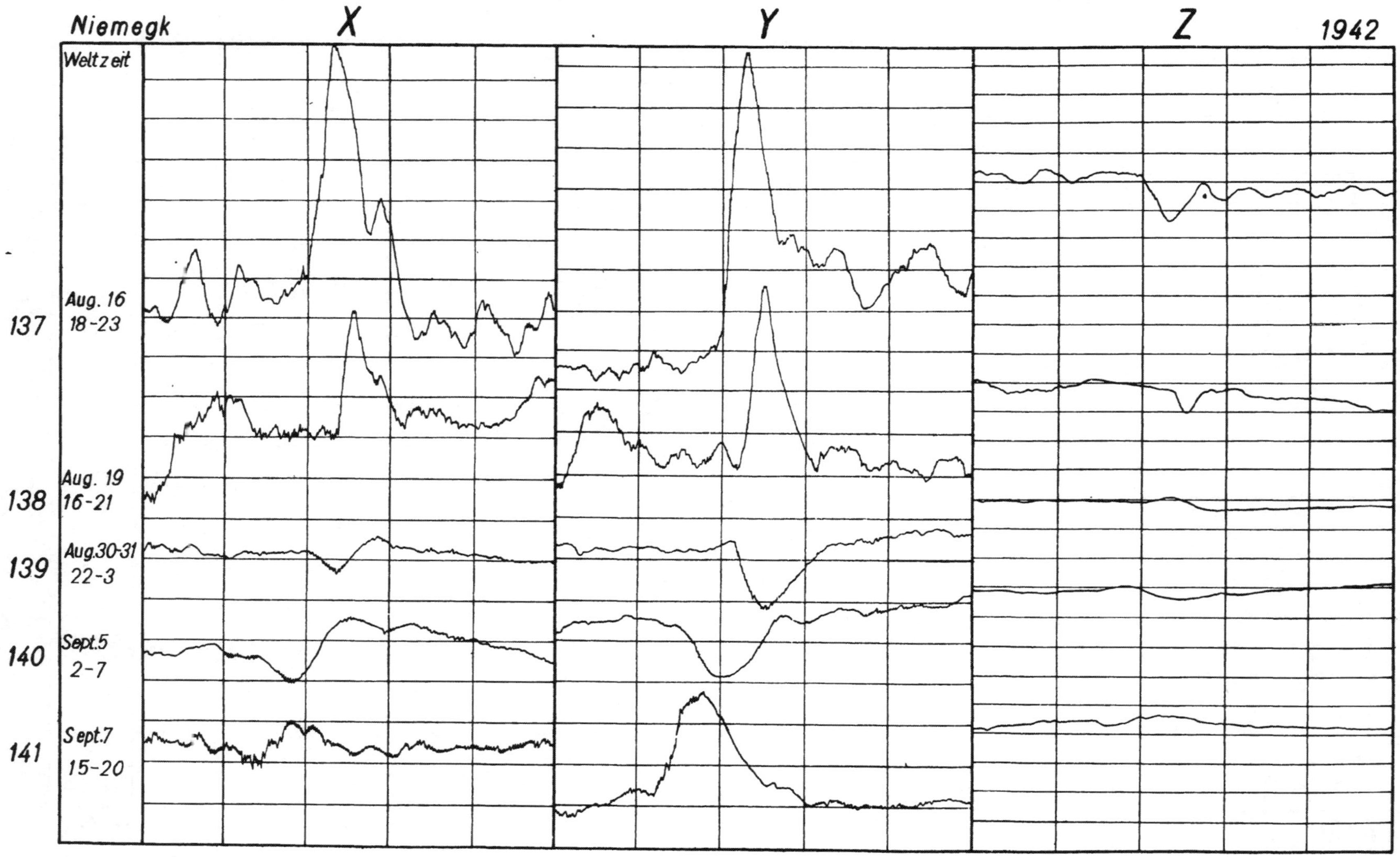

Einheit der Ordinaten 20γ. Die Ungleichheit der Teilung ist durch die Verschiedenheit der Skalenwerte bedingt

Bay-Störungen

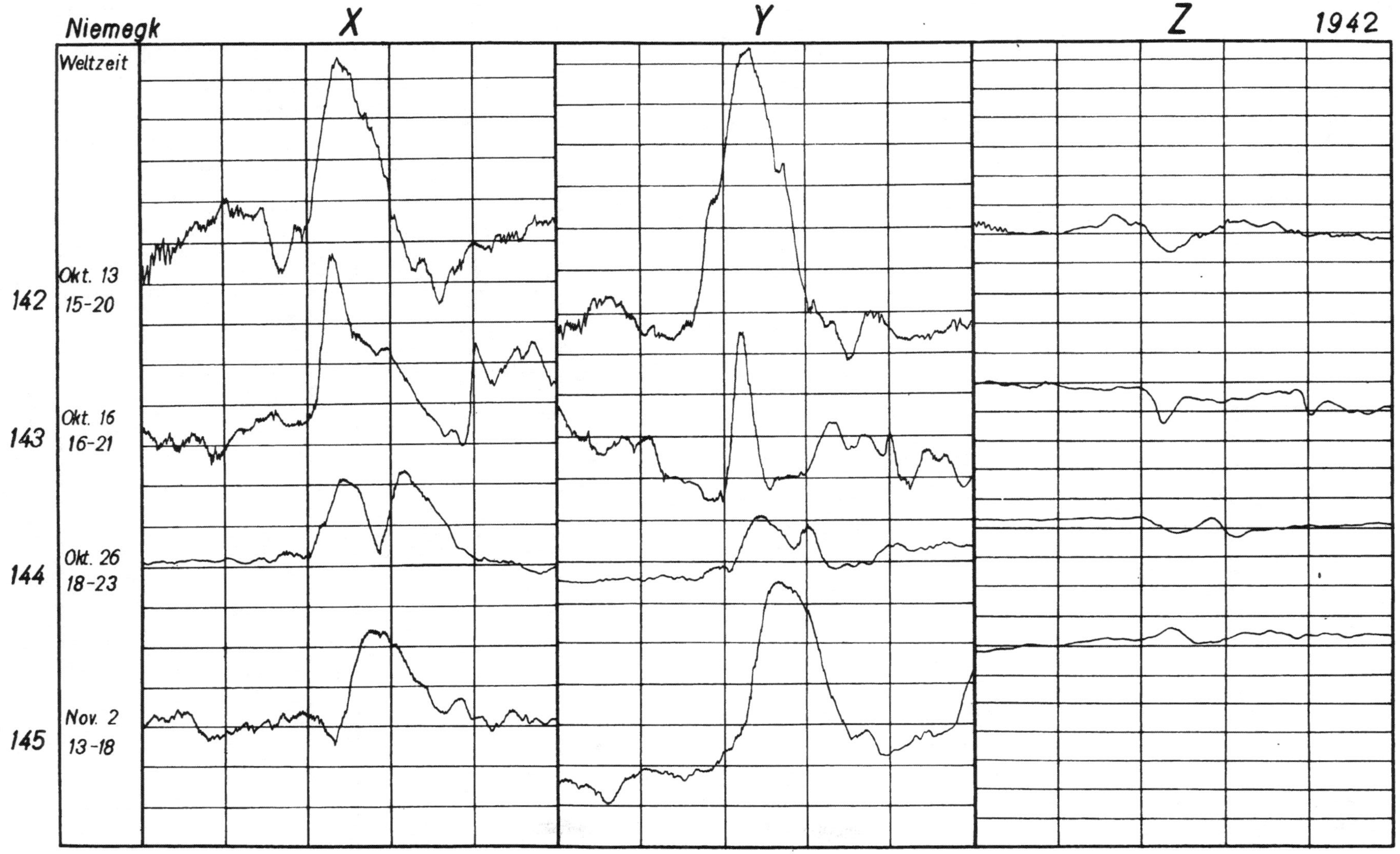

Einheit der Ordinaten 20γ. Die Ungleichheit der Teilung ist durch die Verschiedenheit der Skalenwerte bedingt

Bay-Störungen

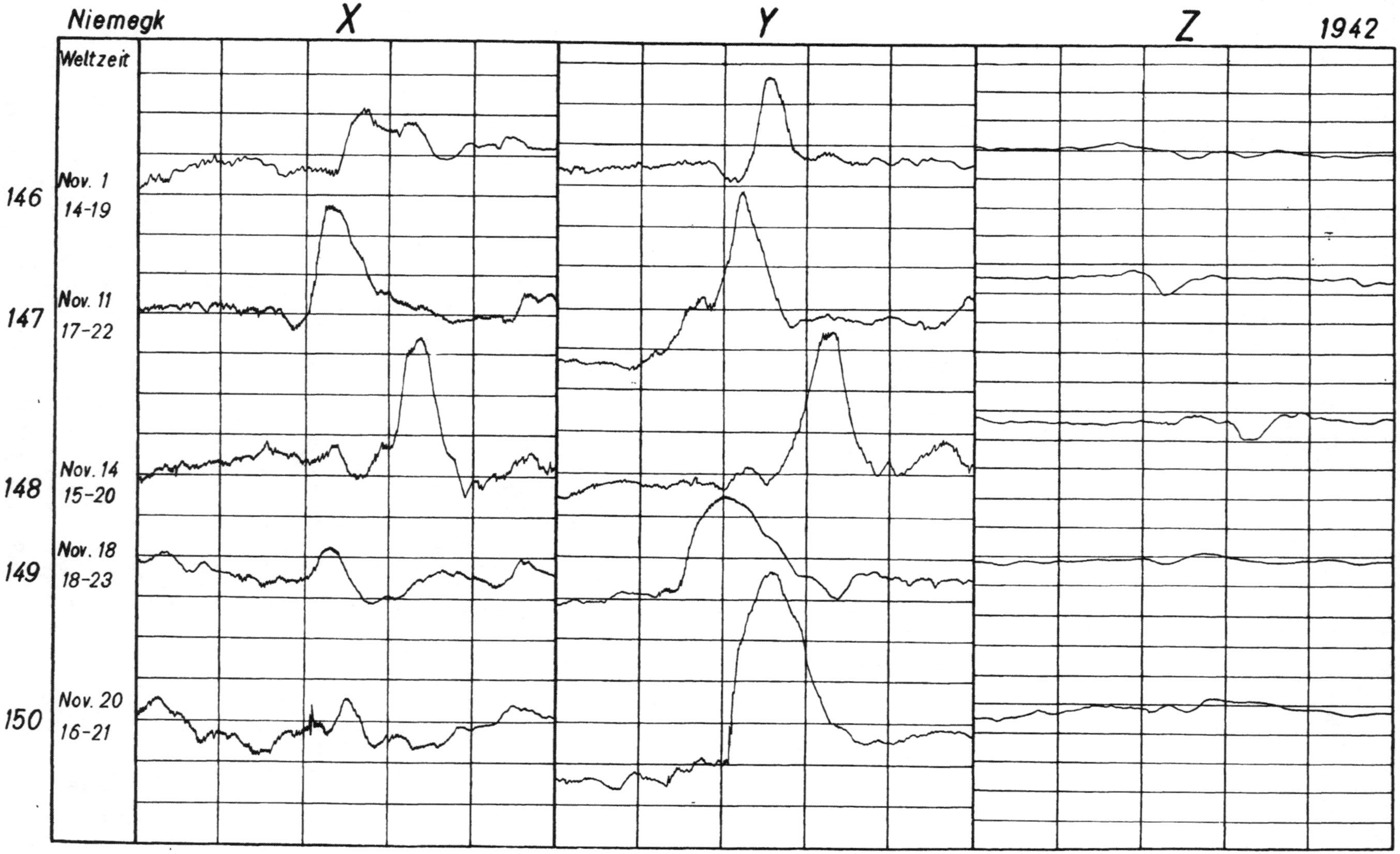

Einheit der Ordinaten 20γ. Die Ungleichheit der Teilung ist durch die Verschiedenheit der Skalenwerte bedingt

Bay-Störungen

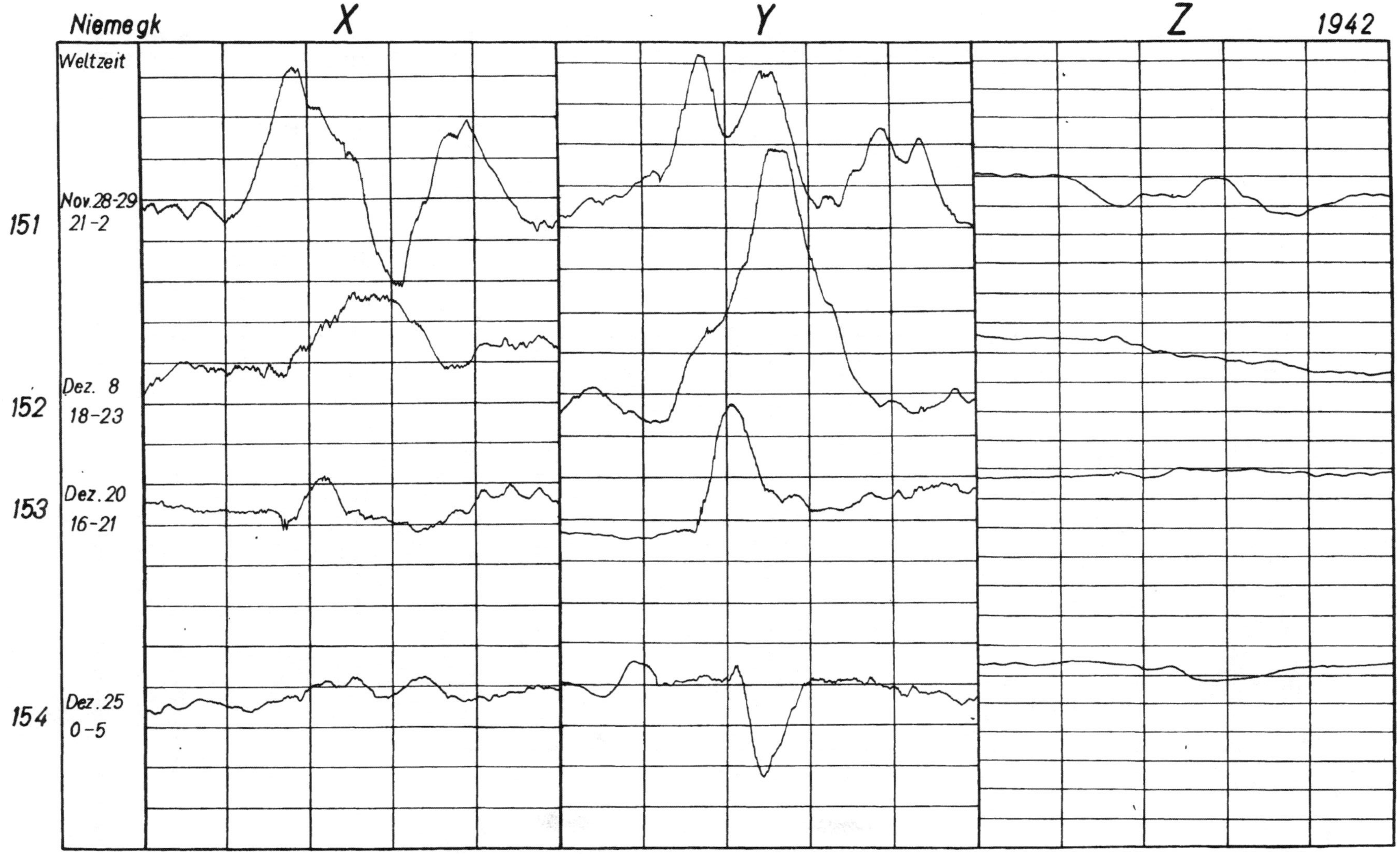

Einheit der Ordinaten 20γ. Die Ungleichheit der Teilung ist durch die Verschiedenheit der Skalenwerte bedingt

Bay-Störungen

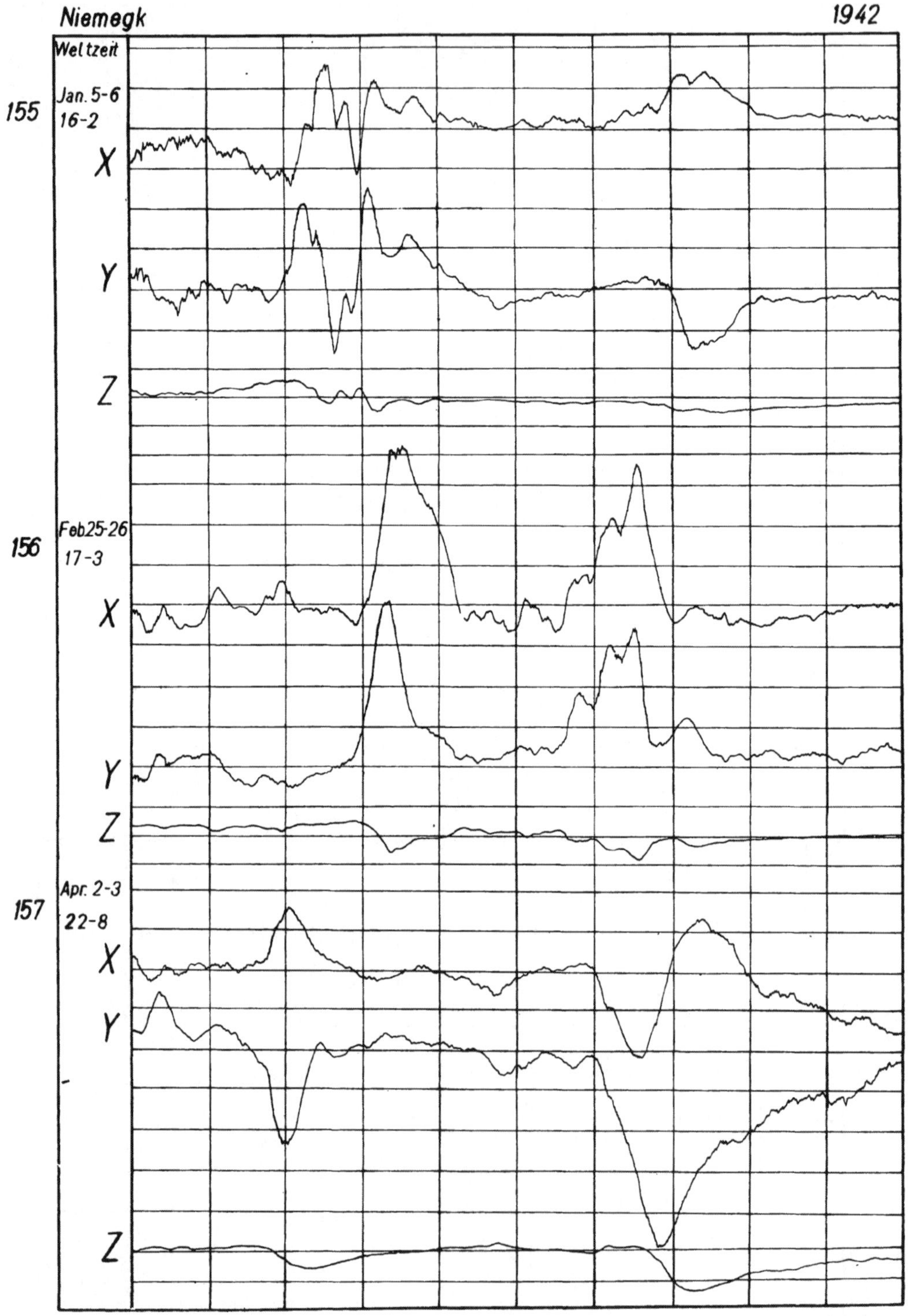

Einheit der Ordinaten 20γ. Die Ungleichheit der Teilung ist durch die Verschiedenheit der Skalenwerte bedingt.

Bay-Störungen

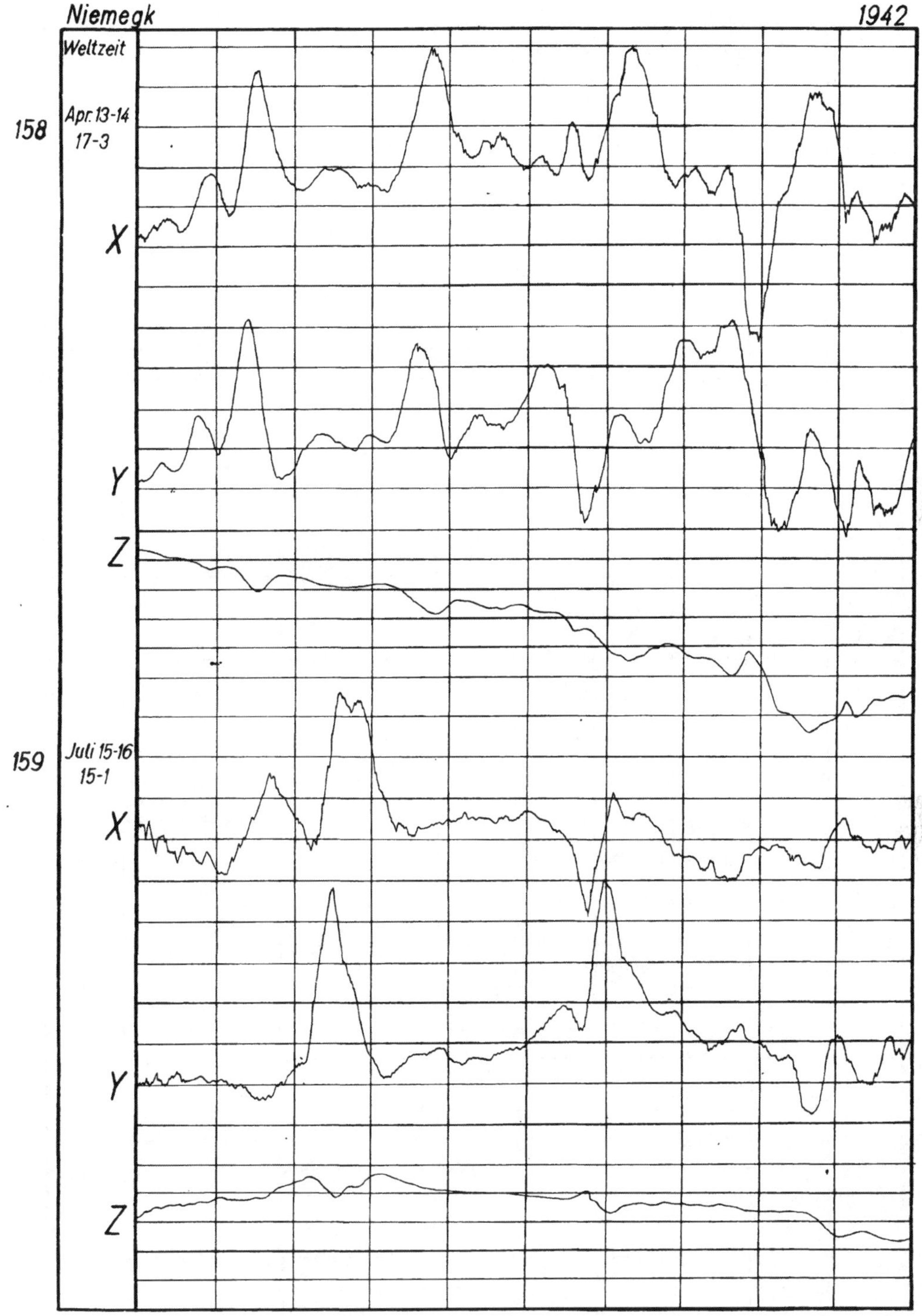

Einheit der Ordinaten 20γ. Die Ungleichheit der Teilung ist durch die Verschiedenheit der Skalenwerte bedingt.

Bay-Störungen

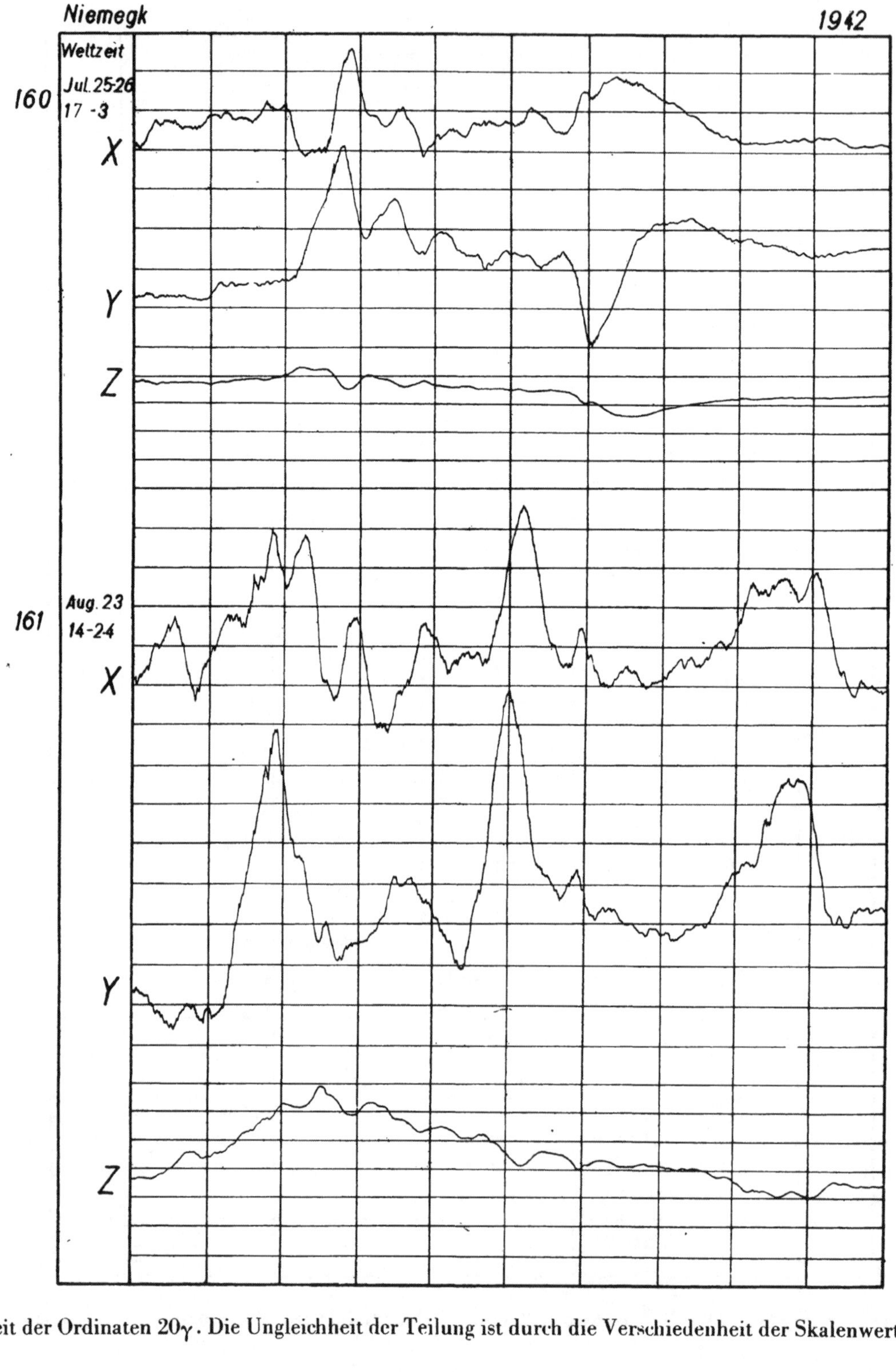

Einheit der Ordinaten 20γ. Die Ungleichheit der Teilung ist durch die Verschiedenheit der Skalenwerte bedingt.

Bay-Störungen

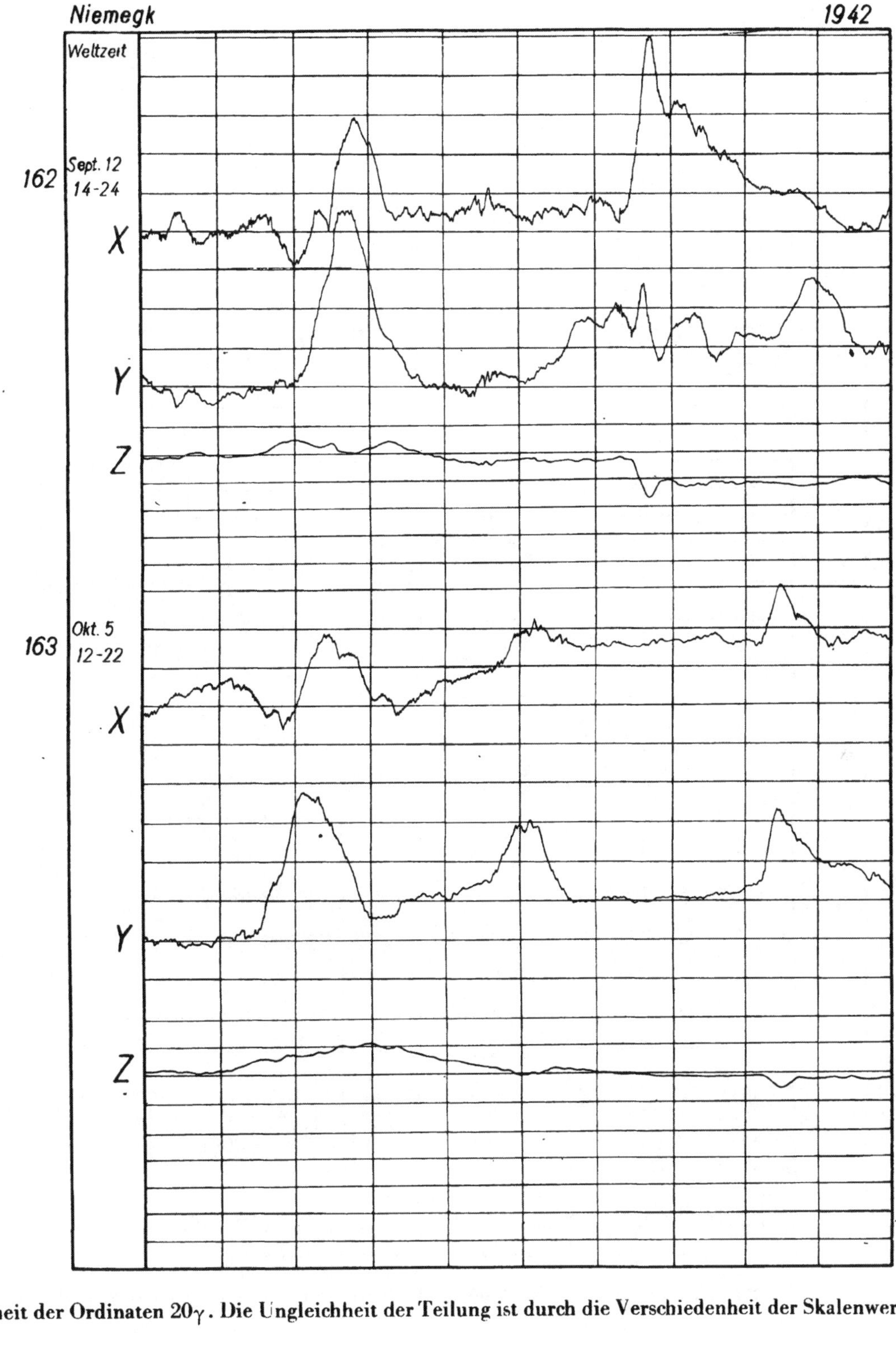

Einheit der Ordinaten 20γ. Die Ungleichheit der Teilung ist durch die Verschiedenheit der Skalenwerte bedingt.

Bay-Störungen

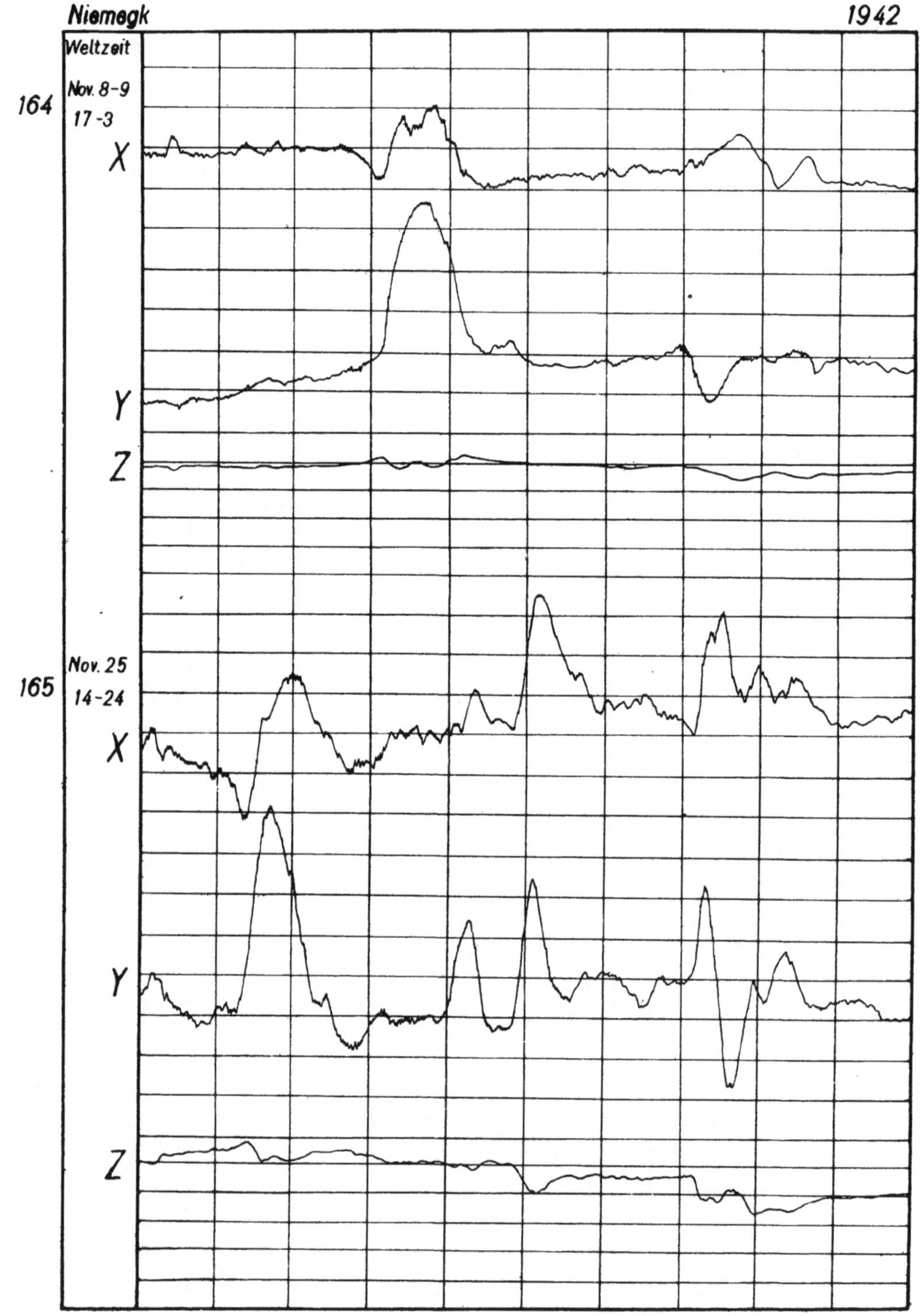

Einheit der Ordinaten 20γ. Die Ungleichheit der Teilung ist durch die Verschiedenheit der Skalenwerte bedingt

Bay-Störungen

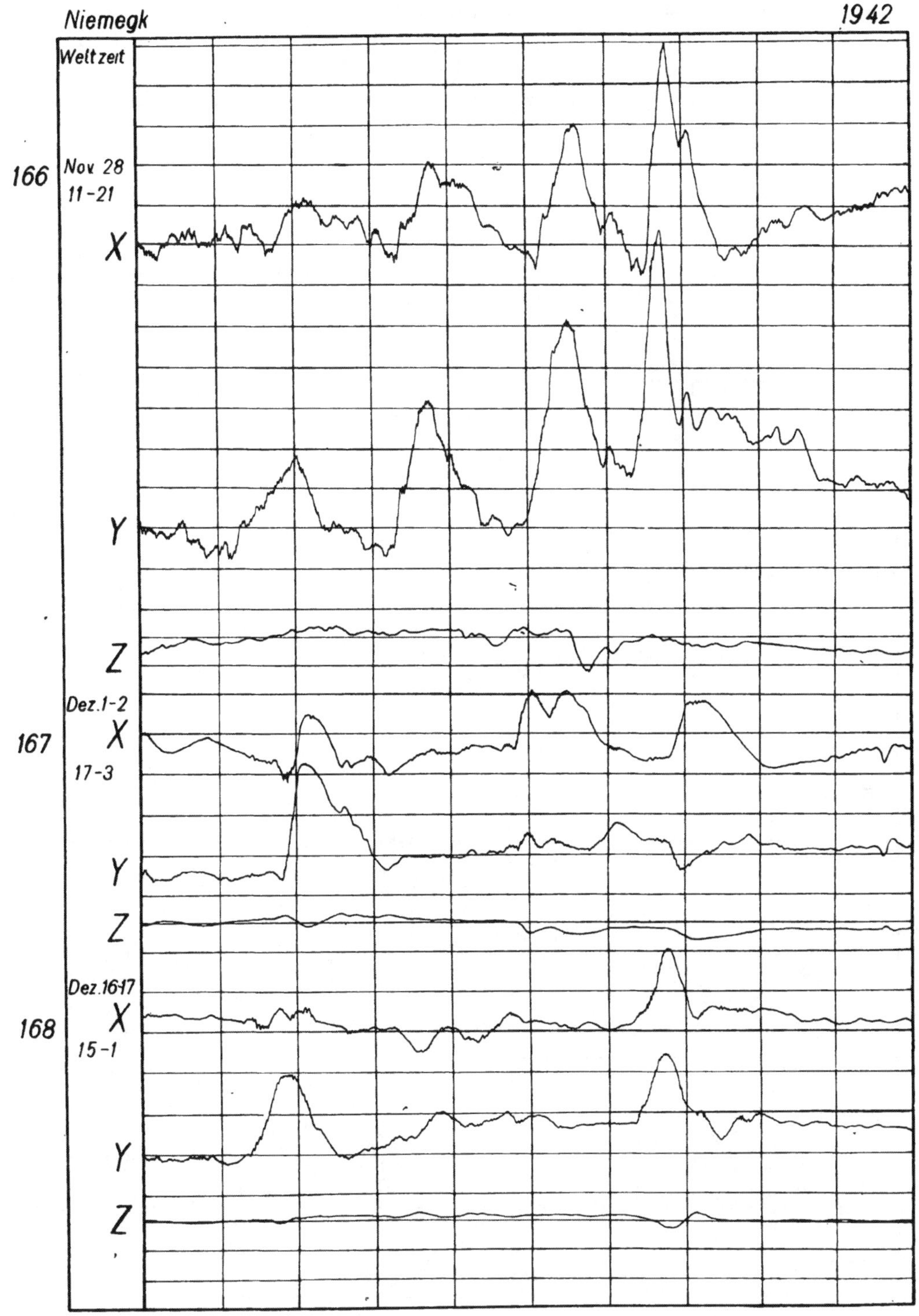

Einheit der Ordinaten 20γ. Die Ungleichheit der Teilung ist durch die Verschiedenheit der Skalenwerte bedingt

Bay-Störungen

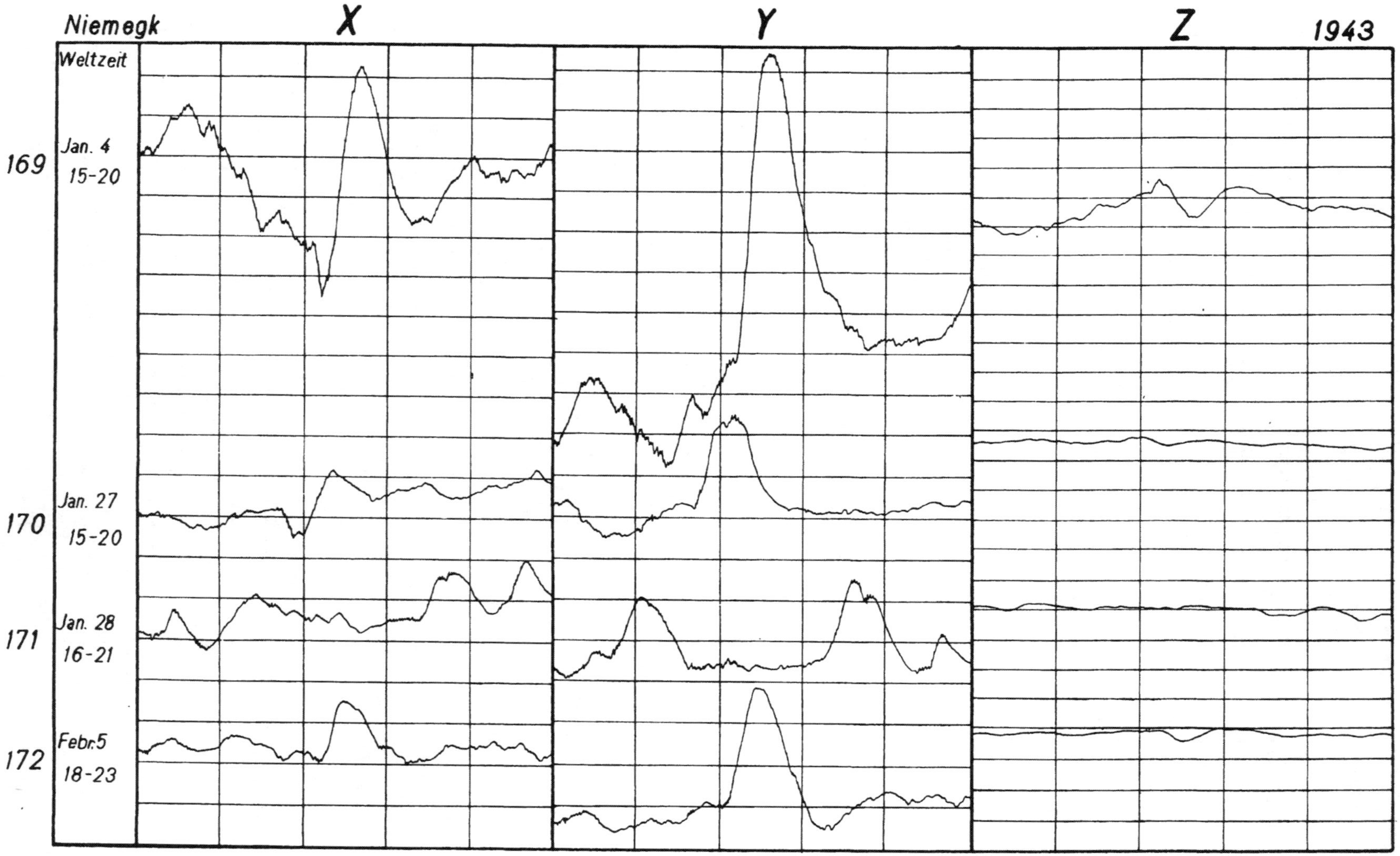

Einheit der Ordinaten 20γ. Die Ungleichheit der Teilung ist durch die Verschiedenheit der Skalenwerte bedingt.

Bay-Störungen

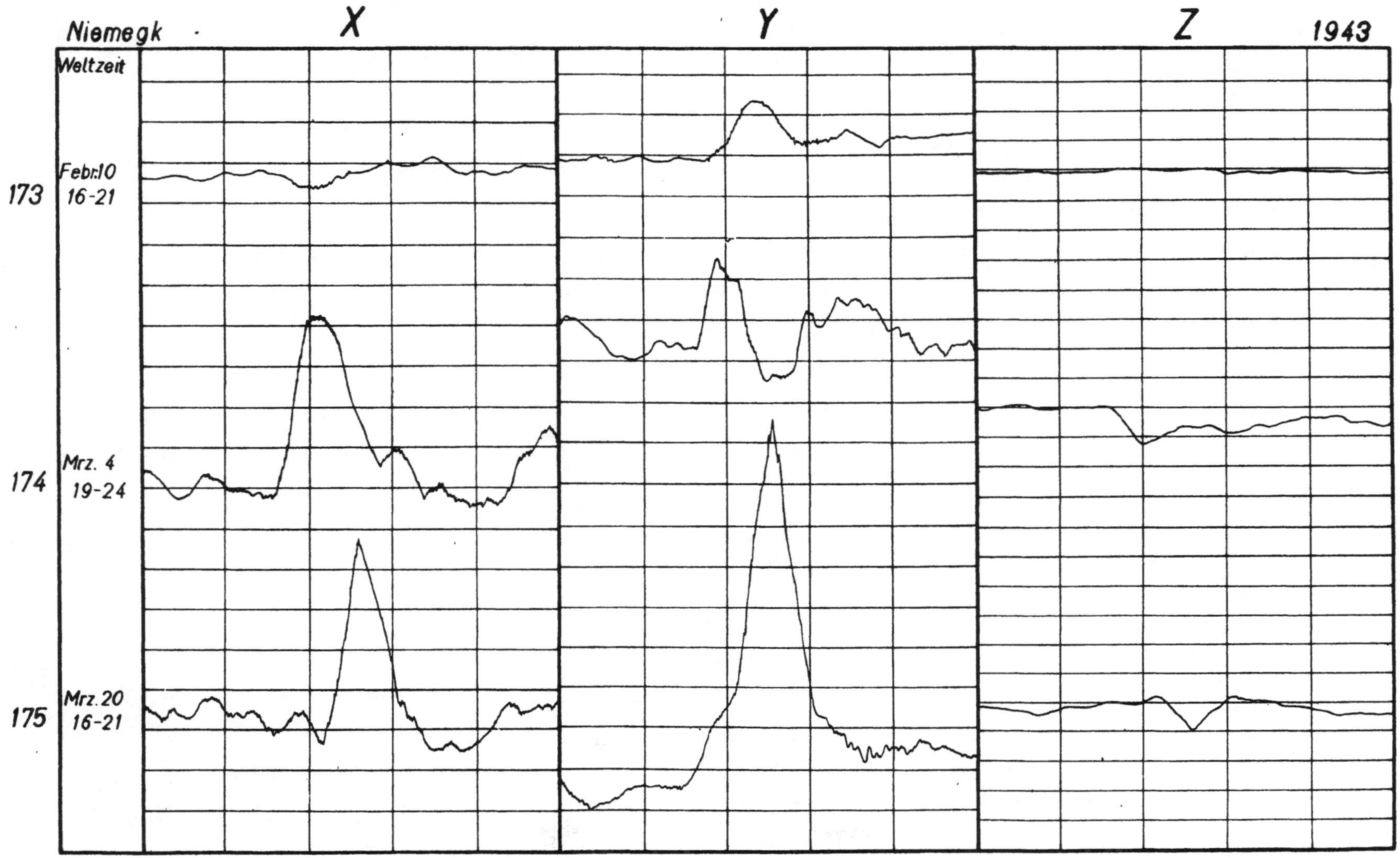

Einheit der Ordinaten 20γ. Die Ungleichheit der Teilung ist durch die Verschiedenheit der Skalenwerte bedingt

Bay-Störungen

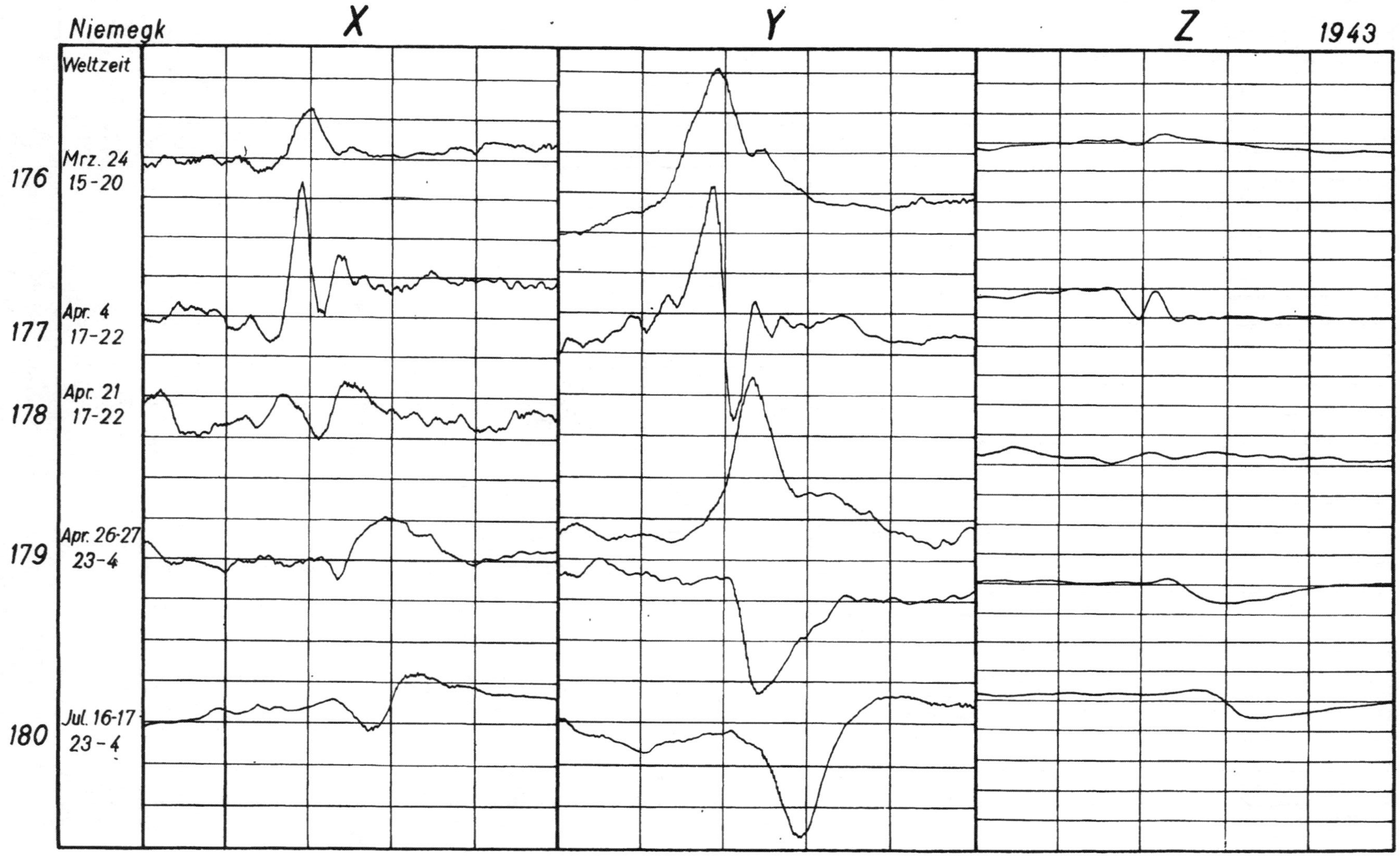

Einheit der Ordinaten 20γ. Die Ungleichheit der Teilung ist durch die Verschiedenheit der Skalenwerte bedingt

Bay-Störungen

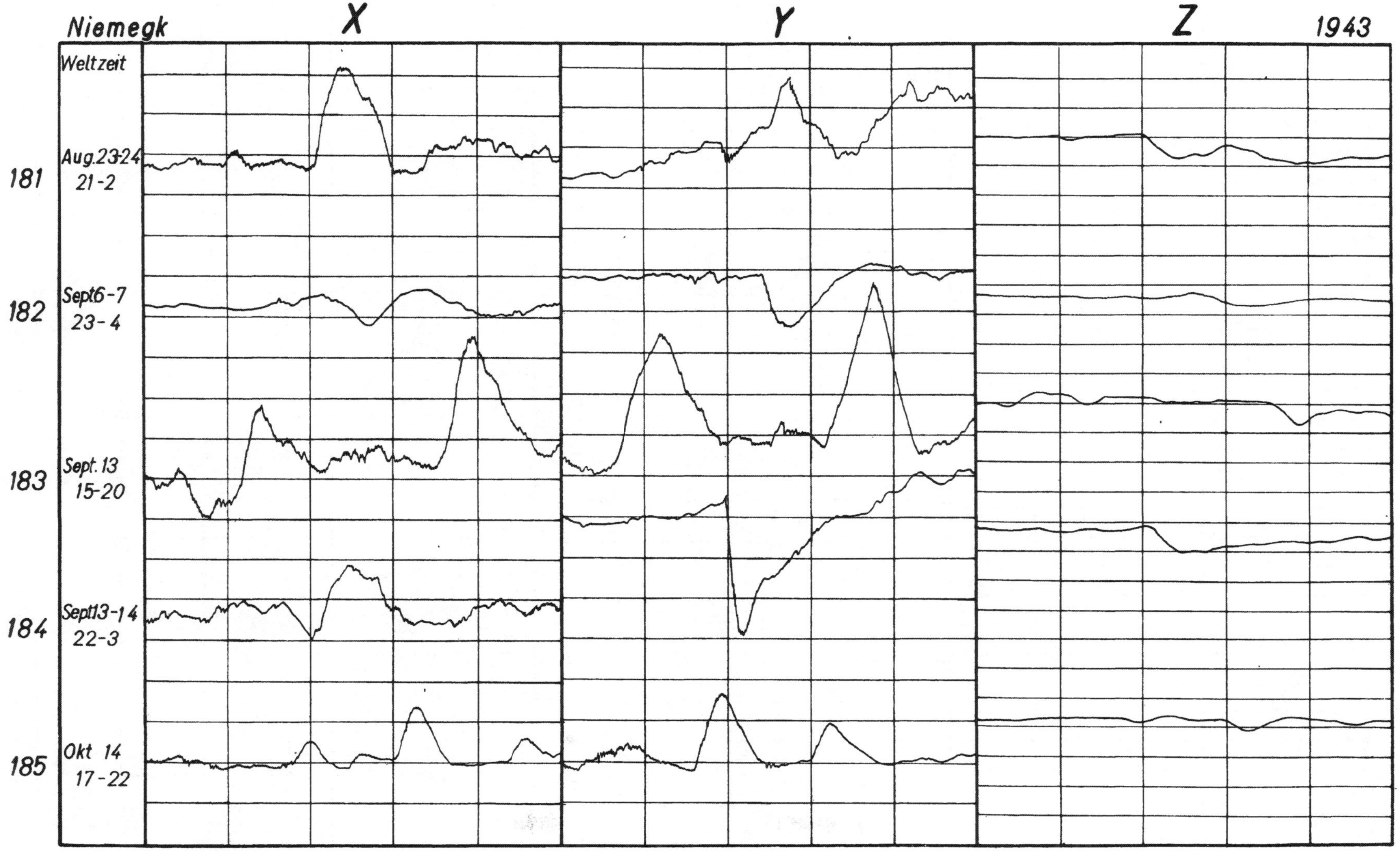

Einheit der Ordinaten 20γ. Die Ungleichheit der Teilung ist durch die Verschiedenheit der Skalenwerte bedingt

Bay-Störungen

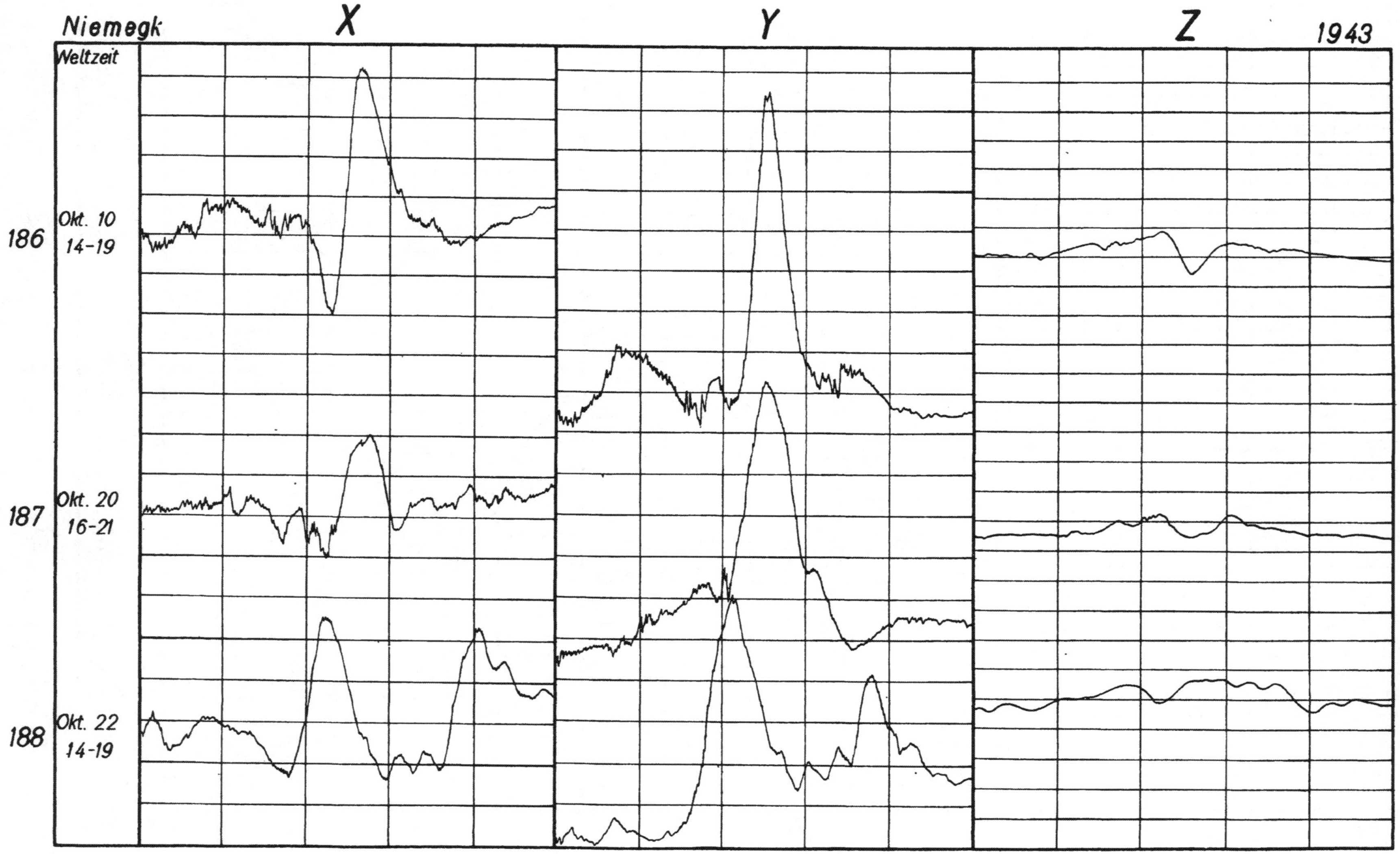

Einheit der Ordinaten 20γ. Die Ungleichheit der Teilung ist durch die Verschiedenheit der Skalenwerte bedingt

Bay-Störungen

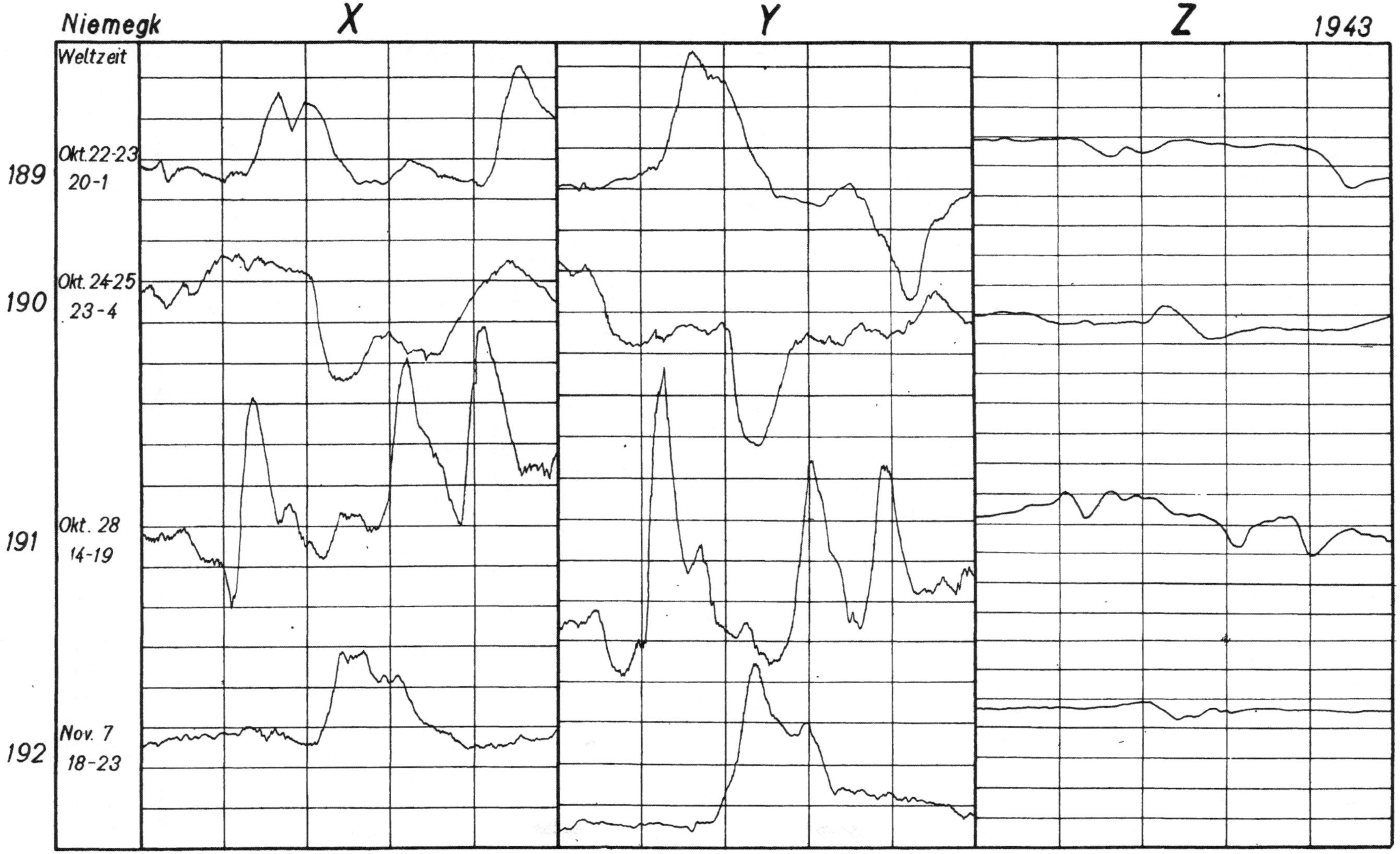

Einheit der Ordinaten 20γ. Die Ungleichheit der Teilung ist durch die Verschiedenheit der Skalenwerte bedingt

Bay-Störungen

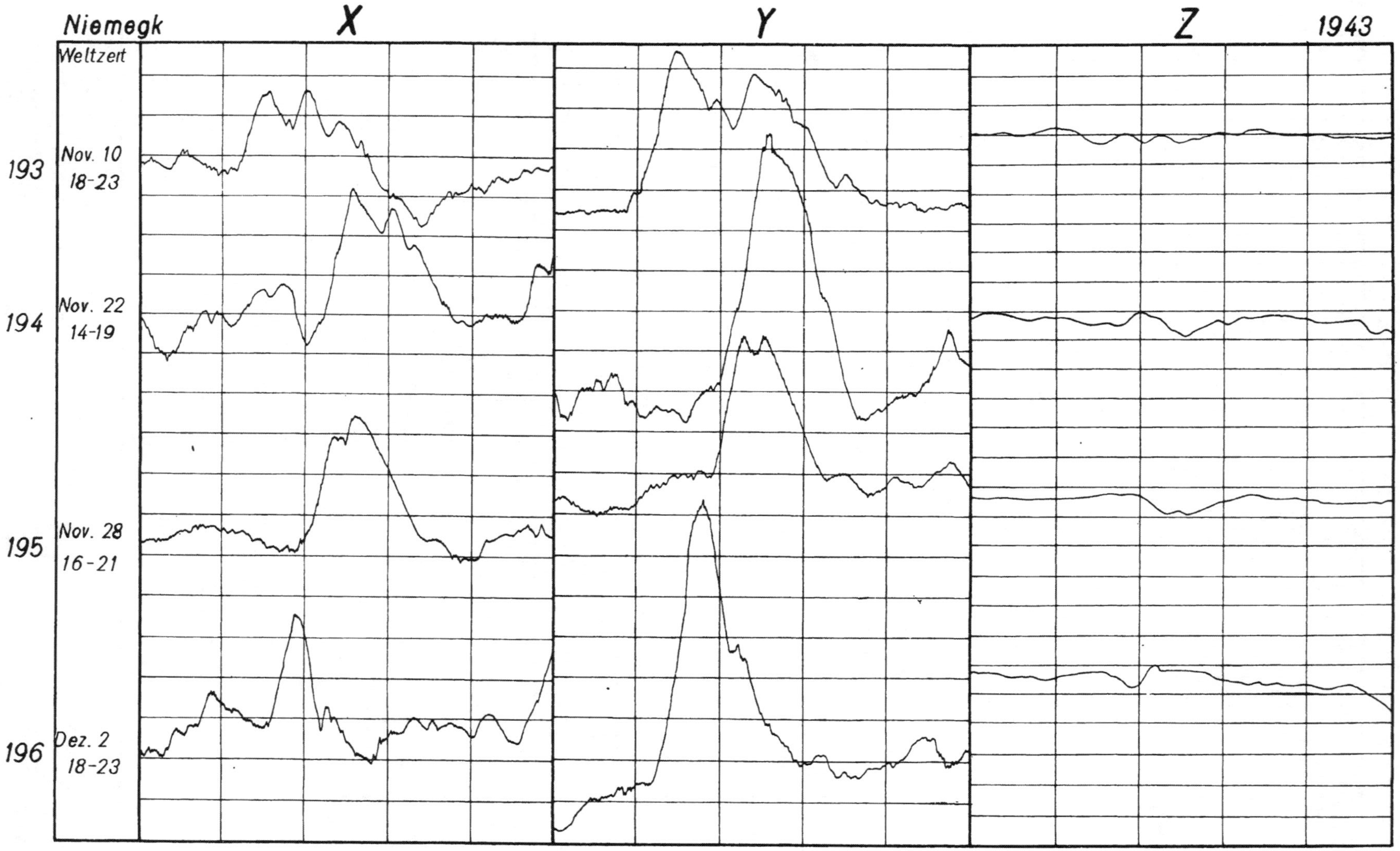

Einheit der Ordinaten 20γ. Die Ungleichheit der Teilung ist durch die Verschiedenheit der Skalenwerte bedingt

Bay-Störungen

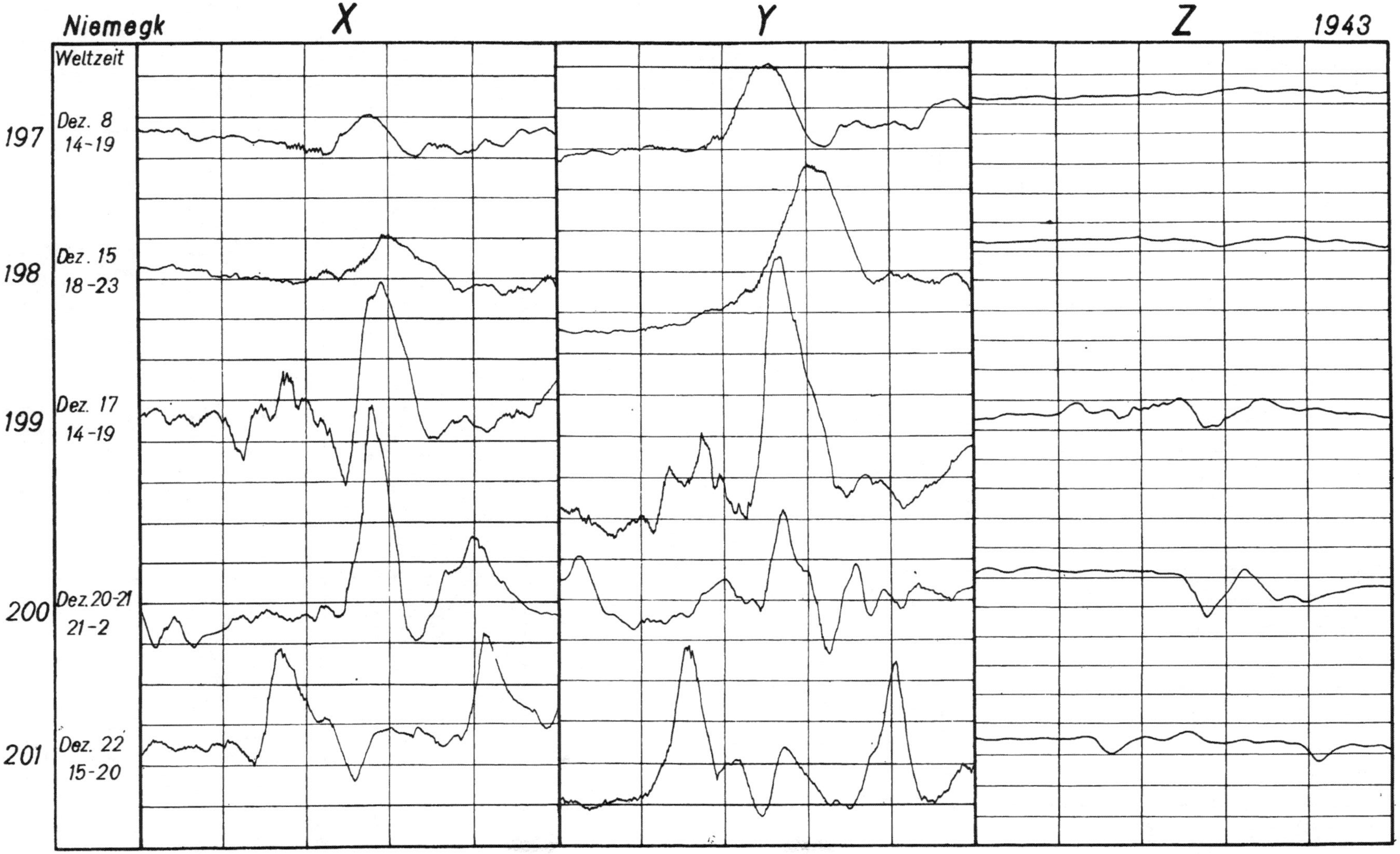

Einheit der Ordinaten 20γ. Die Ungleichheit der Teilung ist durch die Verschiedenheit der Skalenwerte bedingt

Bay-Störungen

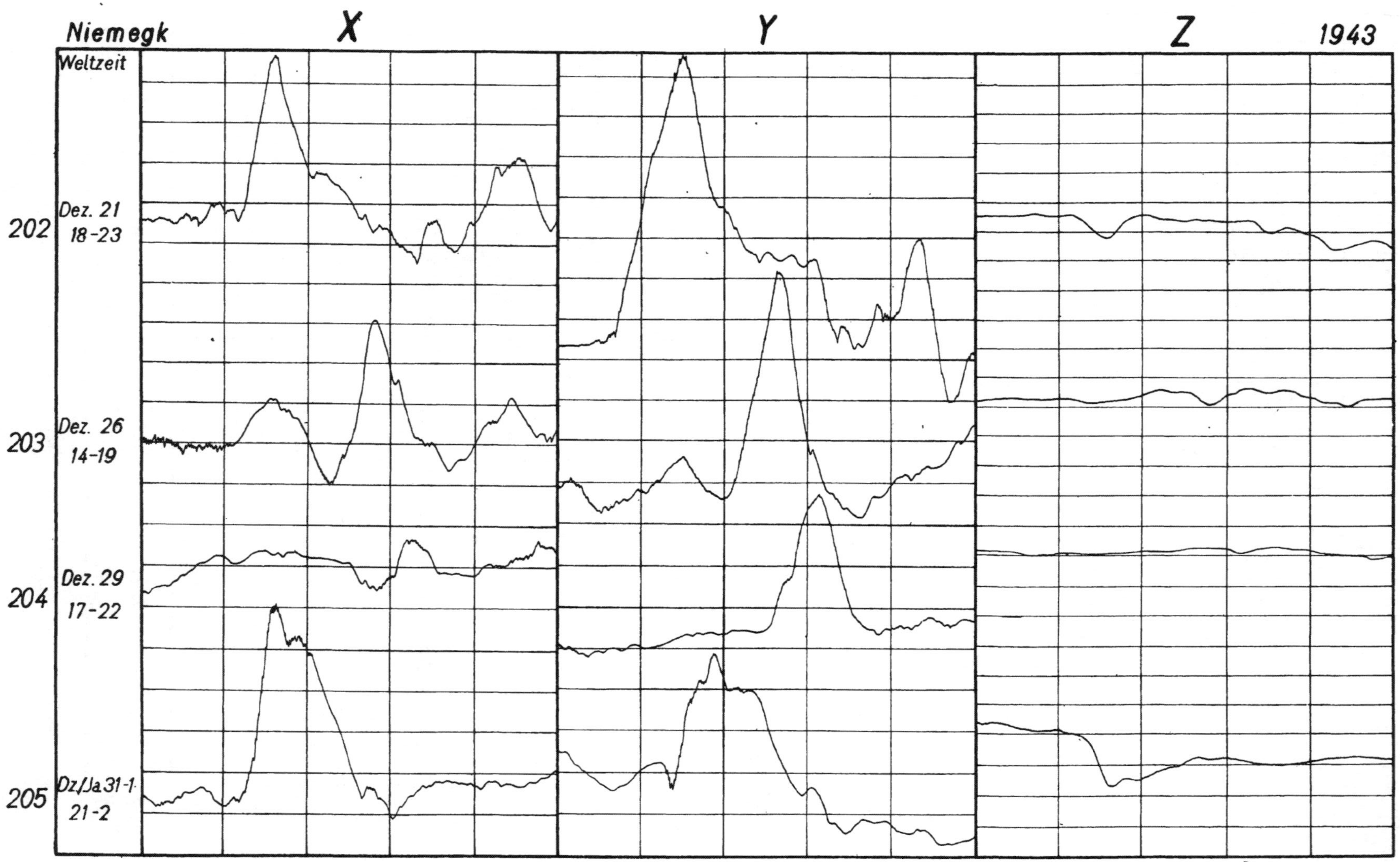

Einheit der Ordinaten 20γ. Die Ungleichheit der Teilung ist durch die Verschiedenheit der Skalenwerte bedingt

Bay-Störungen

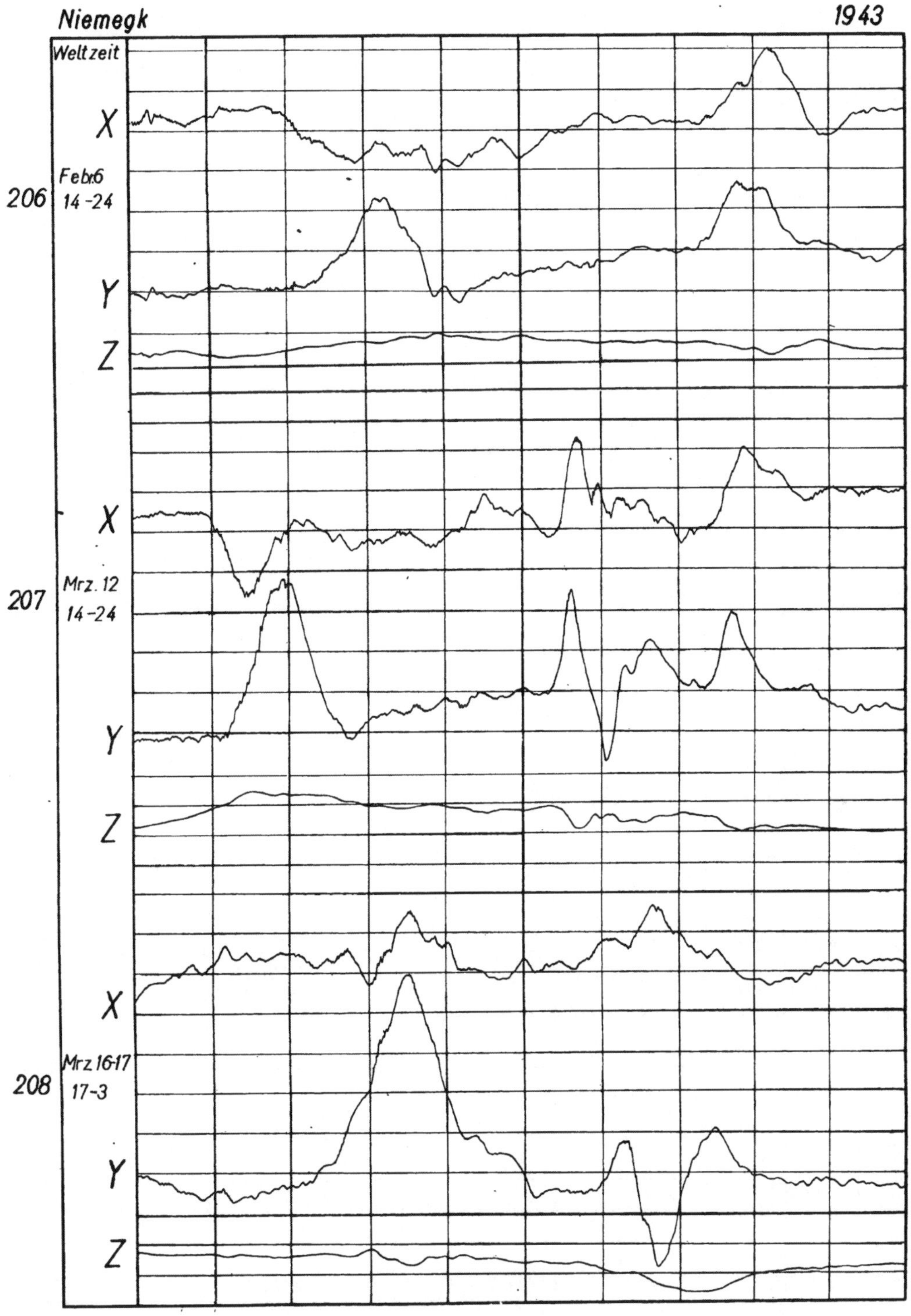

Einheit der Ordinaten 20γ. Die Ungleichheit der Teilung ist durch die Verschiedenheit der Skalenwerte bedingt

Bay-Störungen

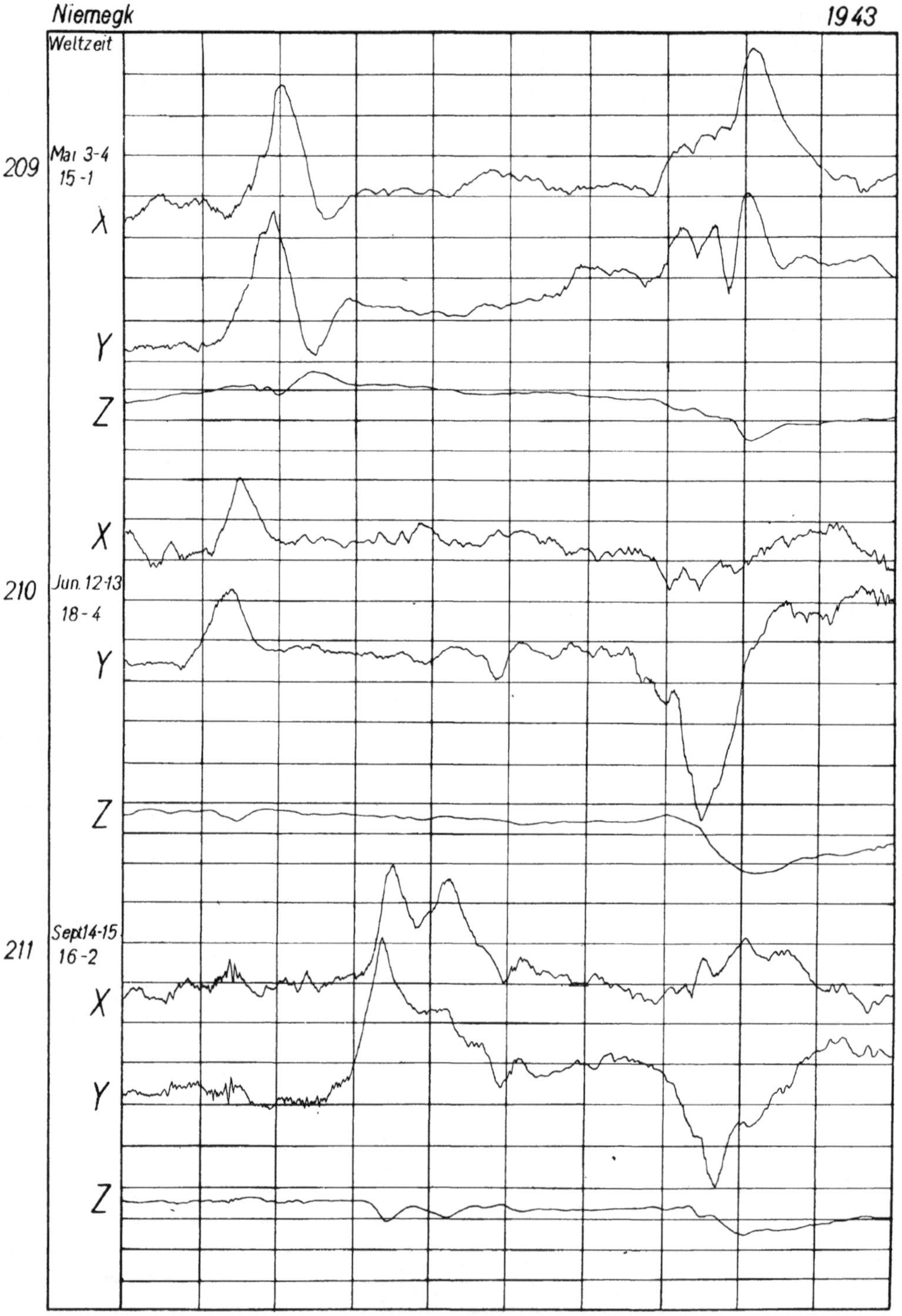

Einheit der Ordinaten 20γ. Die Ungleichheit der Teilung ist durch die Verschiedenheit der Skalenwerte bedingt.

Bay-Störungen

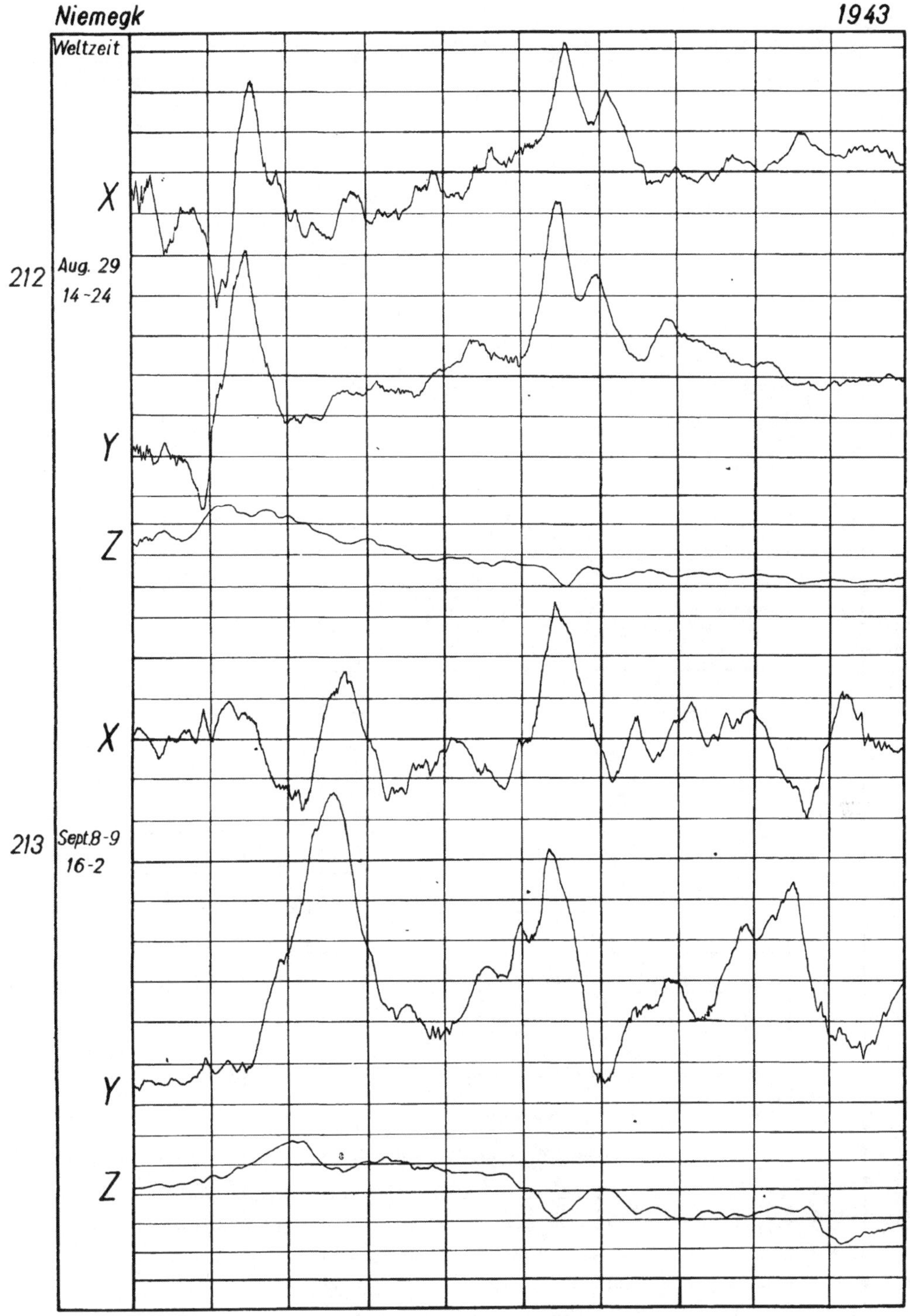

Einheit der Ordinaten 20γ. Die Ungleichheit der Teilung ist durch die Verschiedenheit der Skalenwerte bedingt

Bay-Störungen

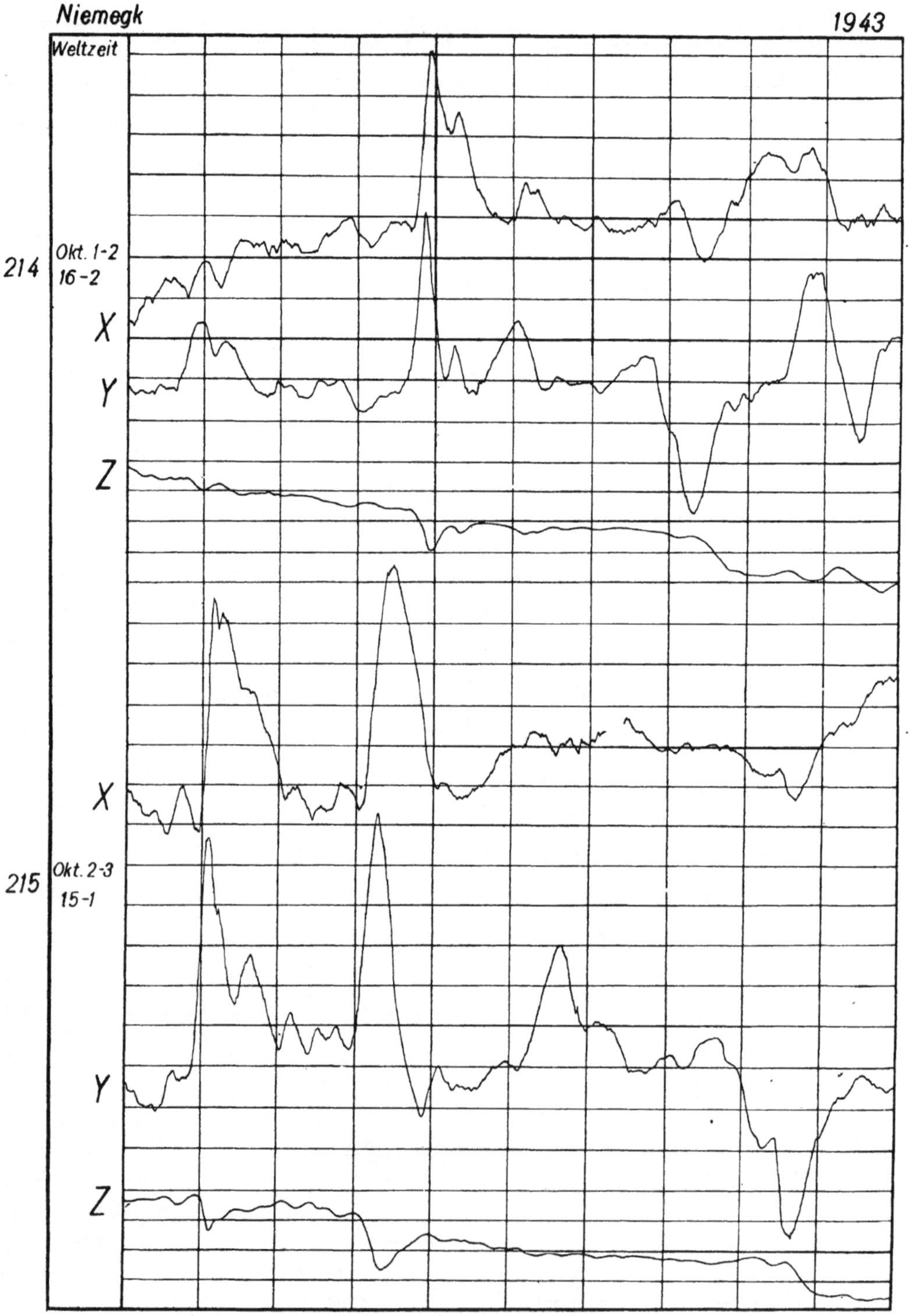

Einheit der Ordinaten 20γ. Die Ungleichheit der Teilung ist durch die Verschiedenheit der Skalenwerte bedingt

Bay-Störungen

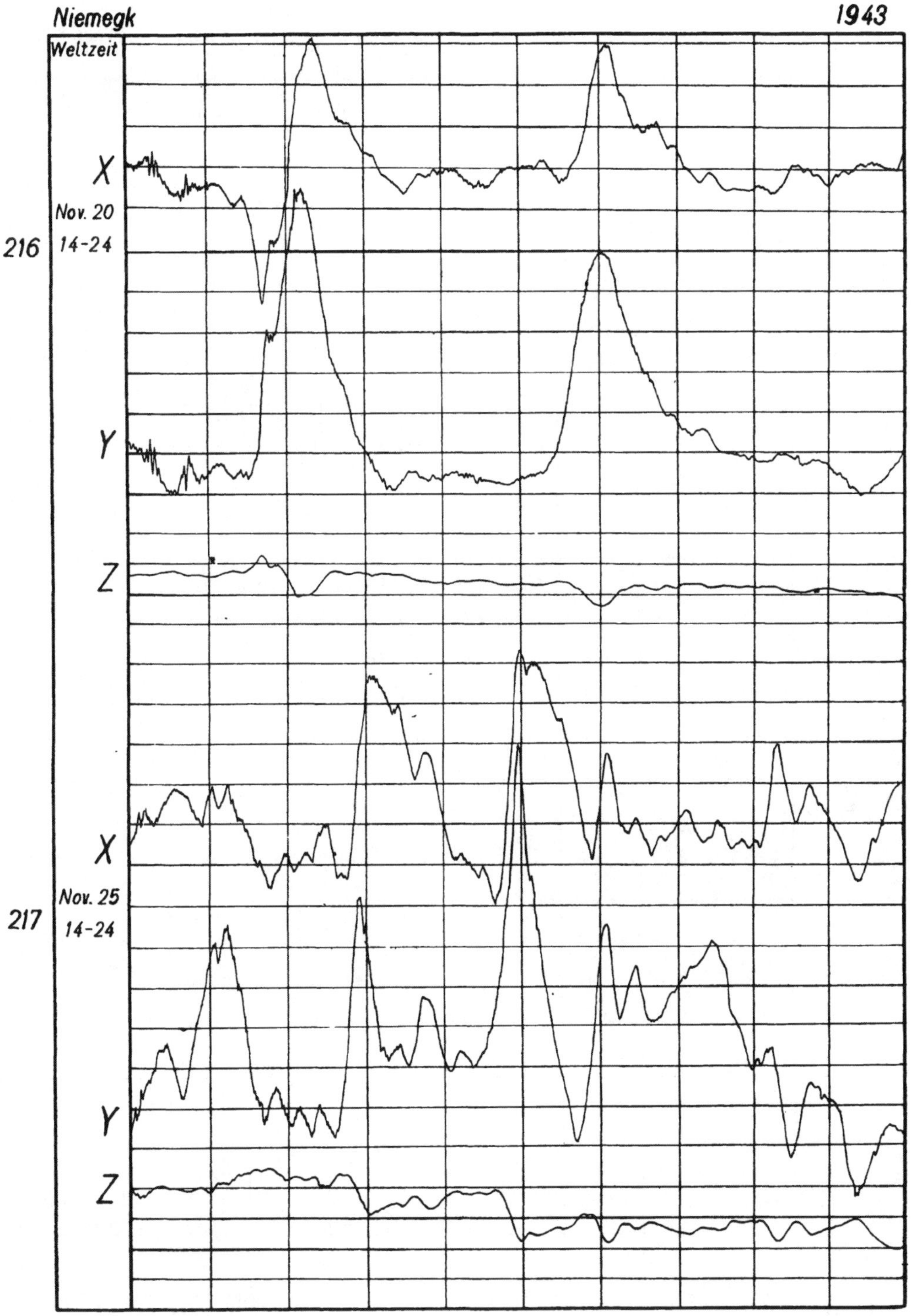

Einheit der Ordinaten 20γ. Die Ungleichheit der Teilung ist durch die Verschiedenheit der Skalenwerte bedingt.

Bay-Störungen

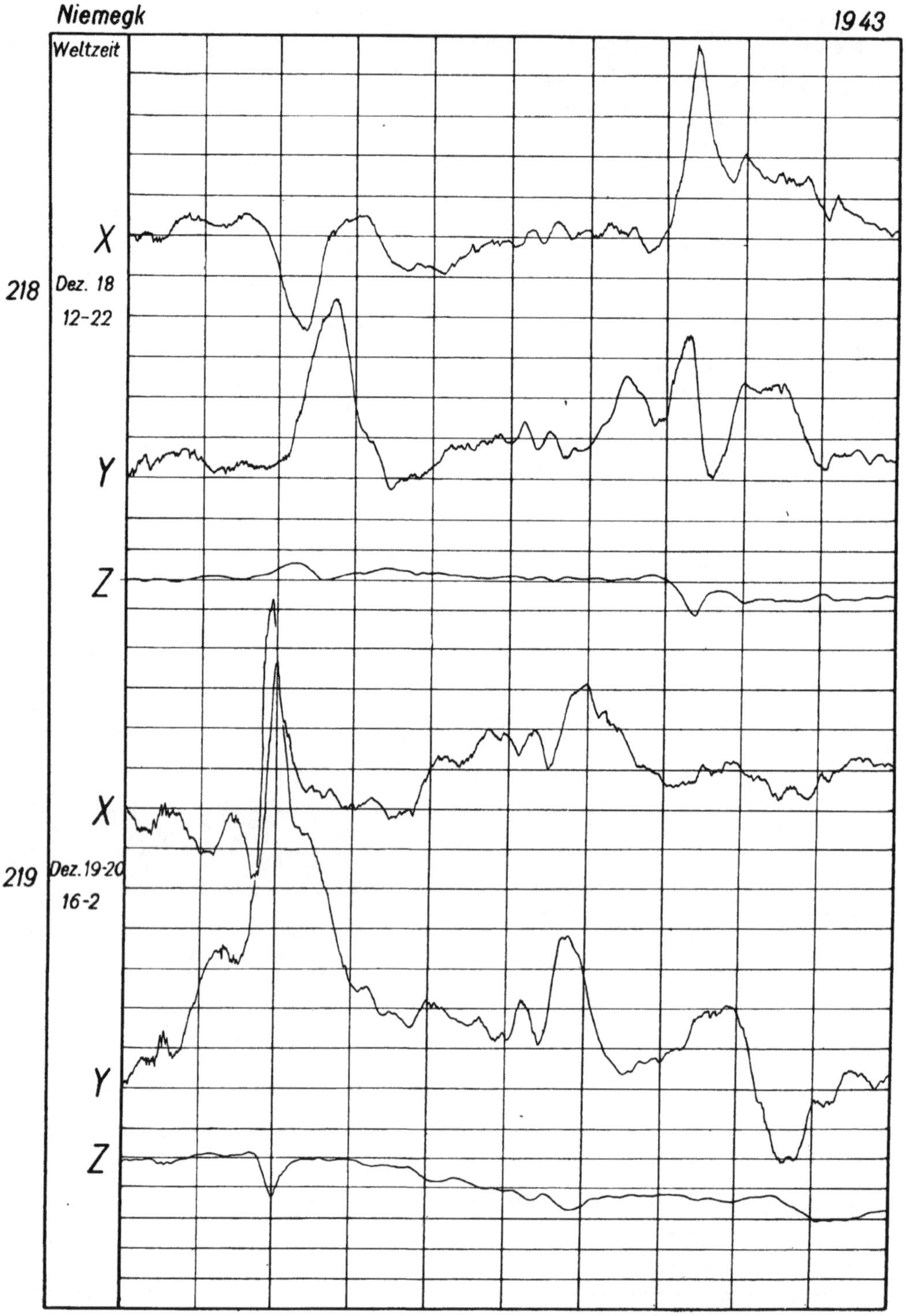

Einheit der Ordinaten 20γ. Die Ungleichheit der Teilung ist durch die Verschiedenheit der Skalenwerte bedingt

Bay-Störungen

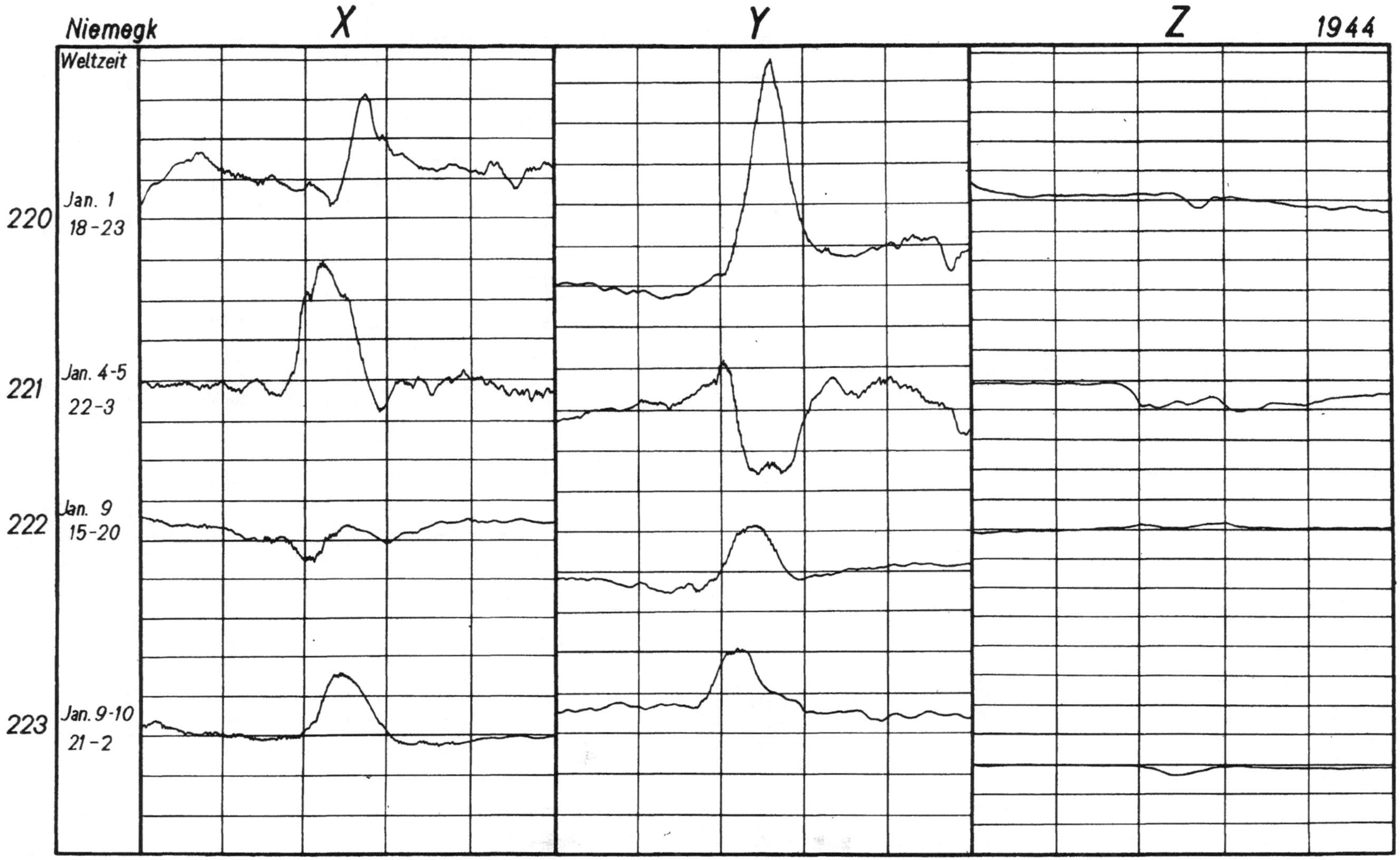

Einheit der Ordinaten 20γ. Die Ungleichheit der Teilung ist durch die Verschiedenheit der Skalenwerte bedingt

Bay-Störungen

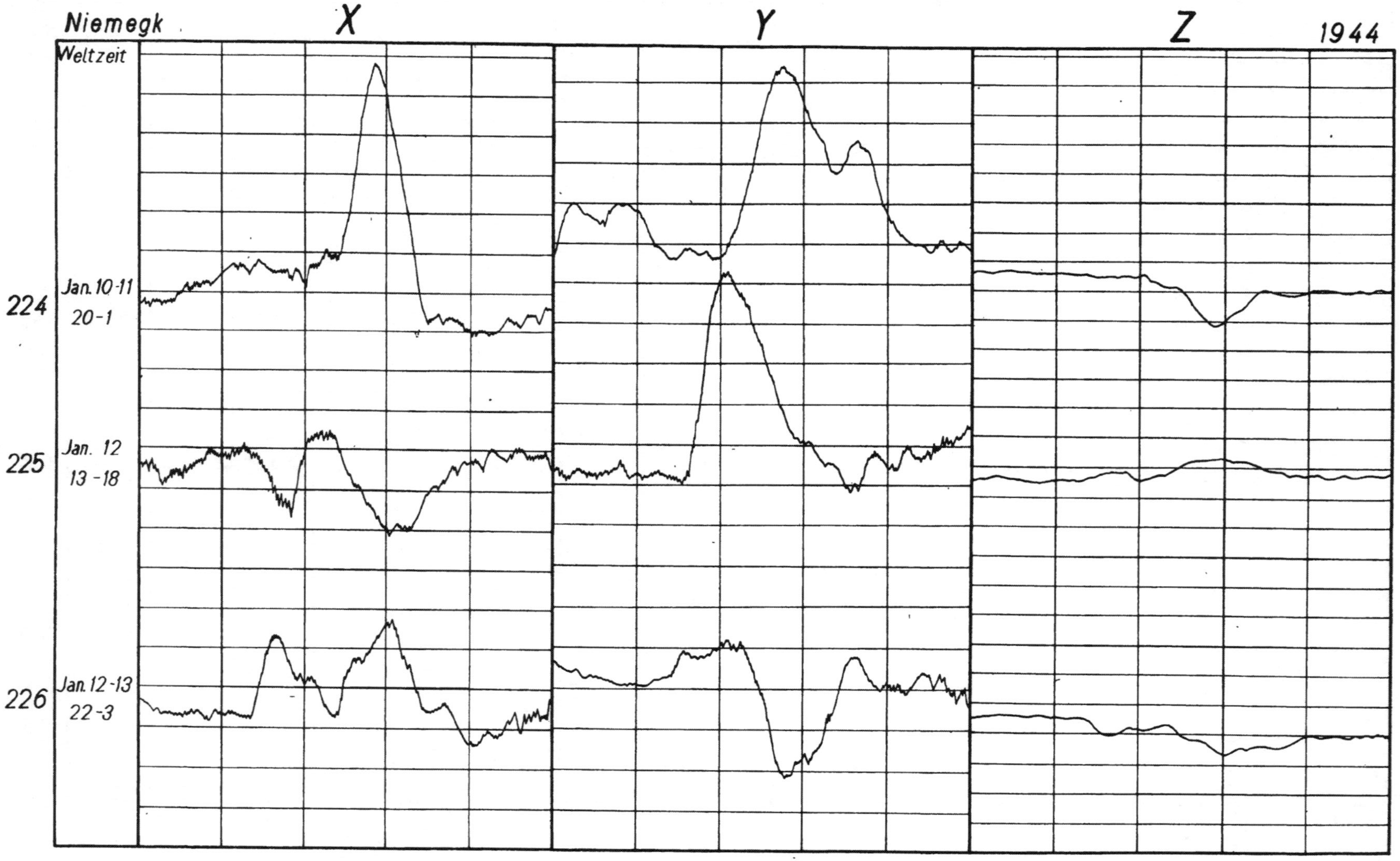

Einheit der Ordinaten 20γ. Die Ungleichheit der Teilung ist durch die Verschiedenheit der Skalenwerte bedingt

Bay-Störungen

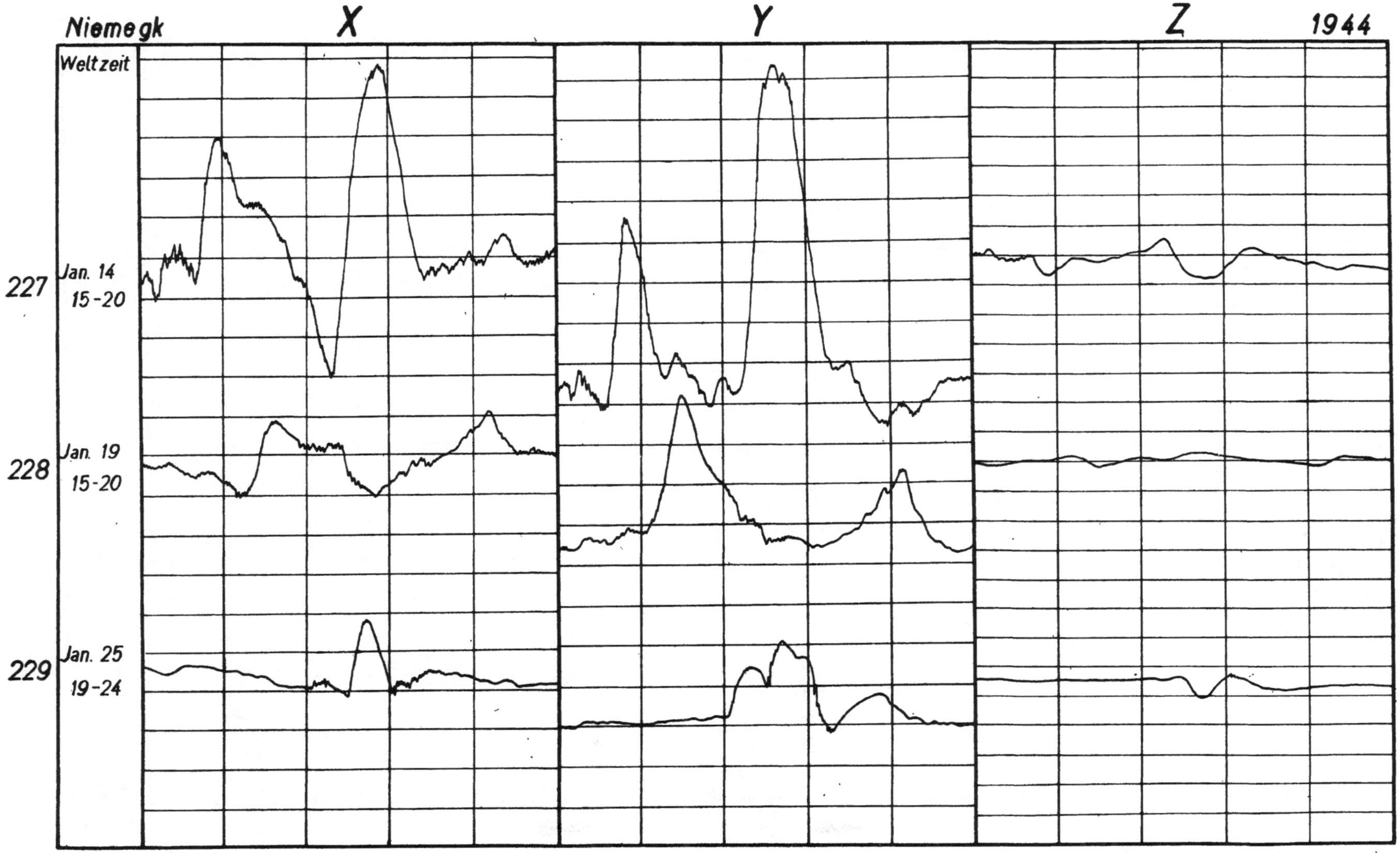

Einheit der Ordinaten 20γ. Die Ungleichheit der Teilung ist durch die Verschiedenheit der Skalenwerte bedingt

Bay-Störungen

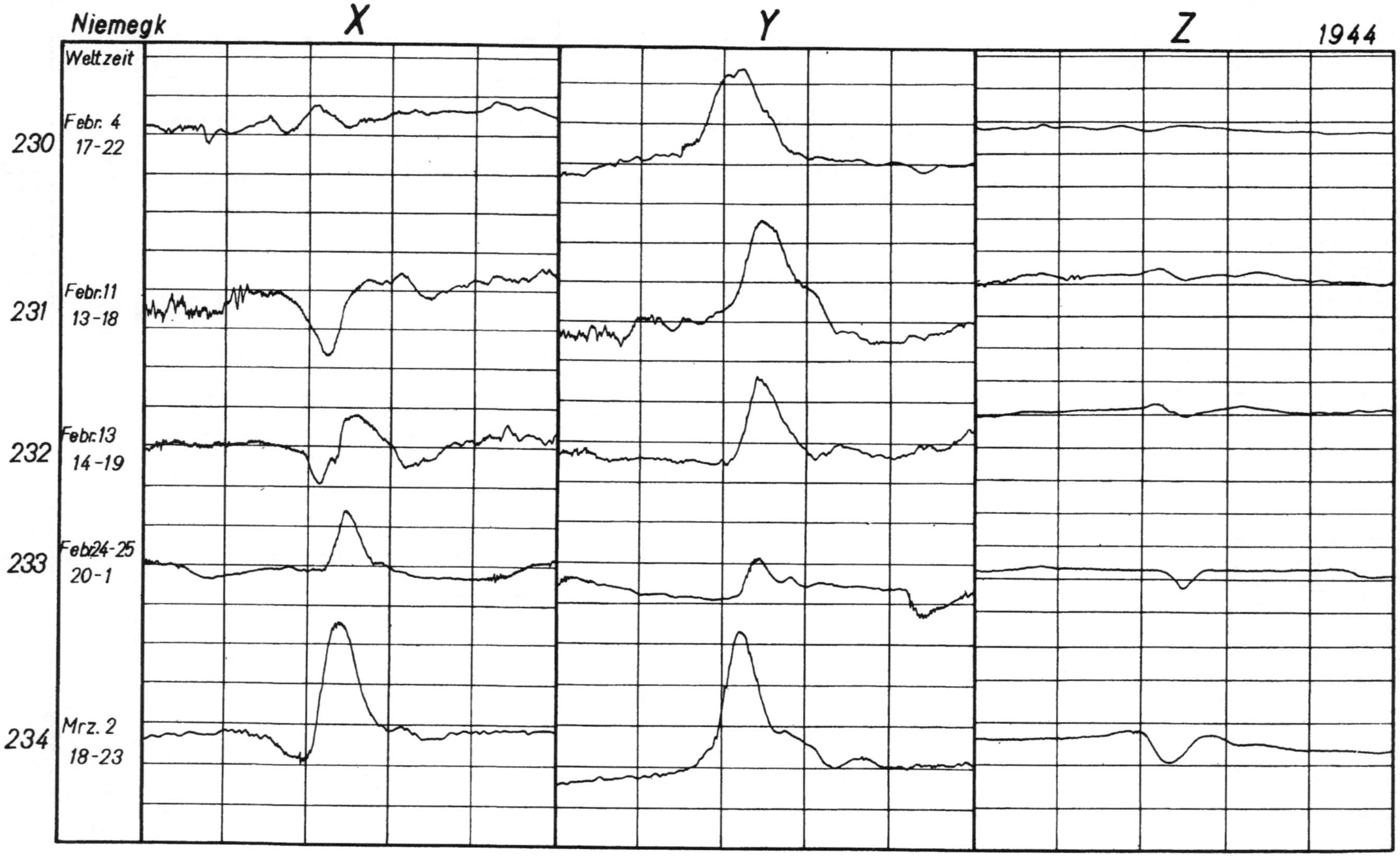

Einheit der Ordinaten 20γ. Die Ungleichheit der Teilung ist durch die Verschiedenheit der Skalenwerte bedingt

Bay-Störungen

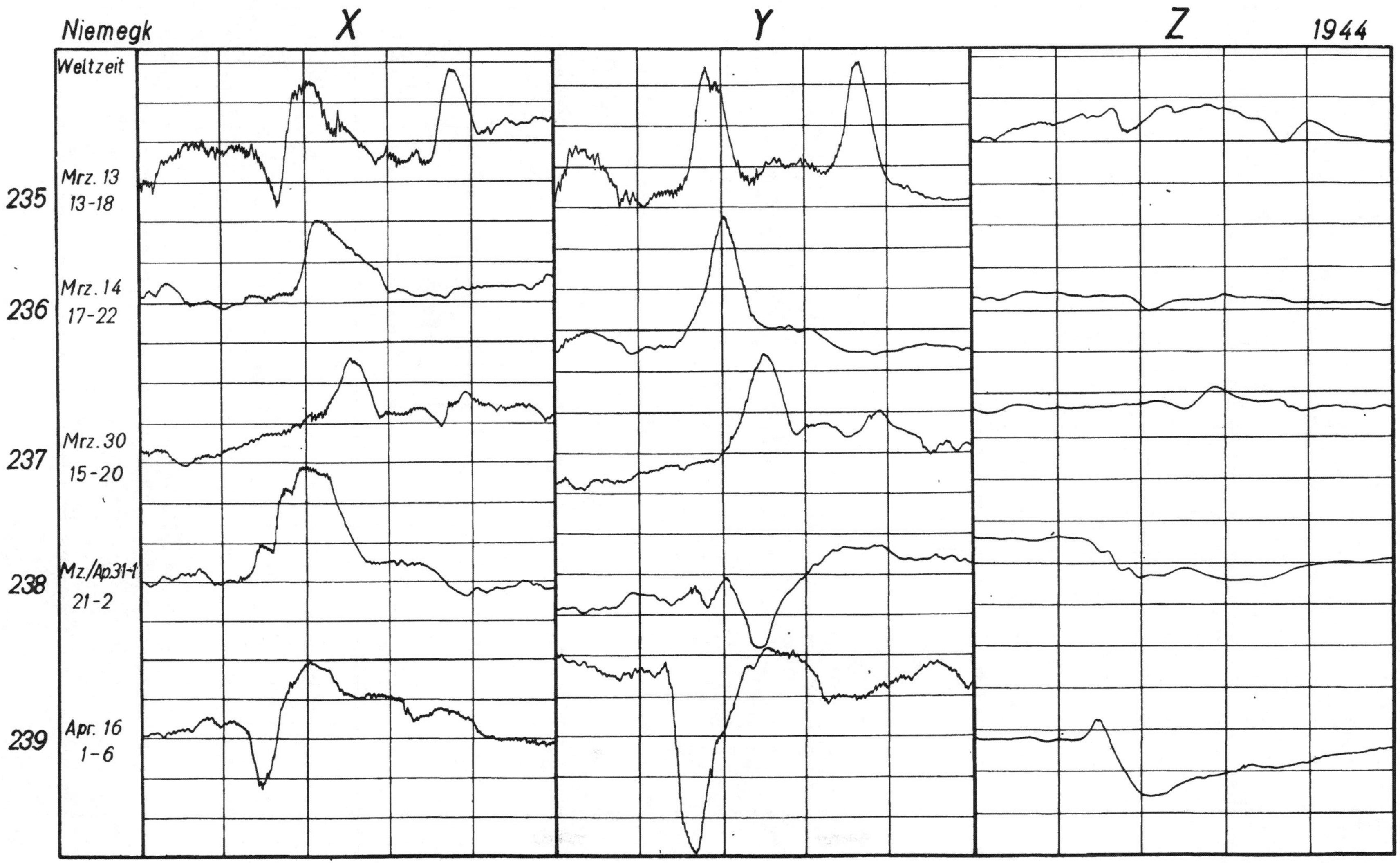

Einheit der Ordinaten 20γ. Die Ungleichheit der Teilung ist durch die Verschiedenheit der Skalenwerte bedingt

Bay-Störungen

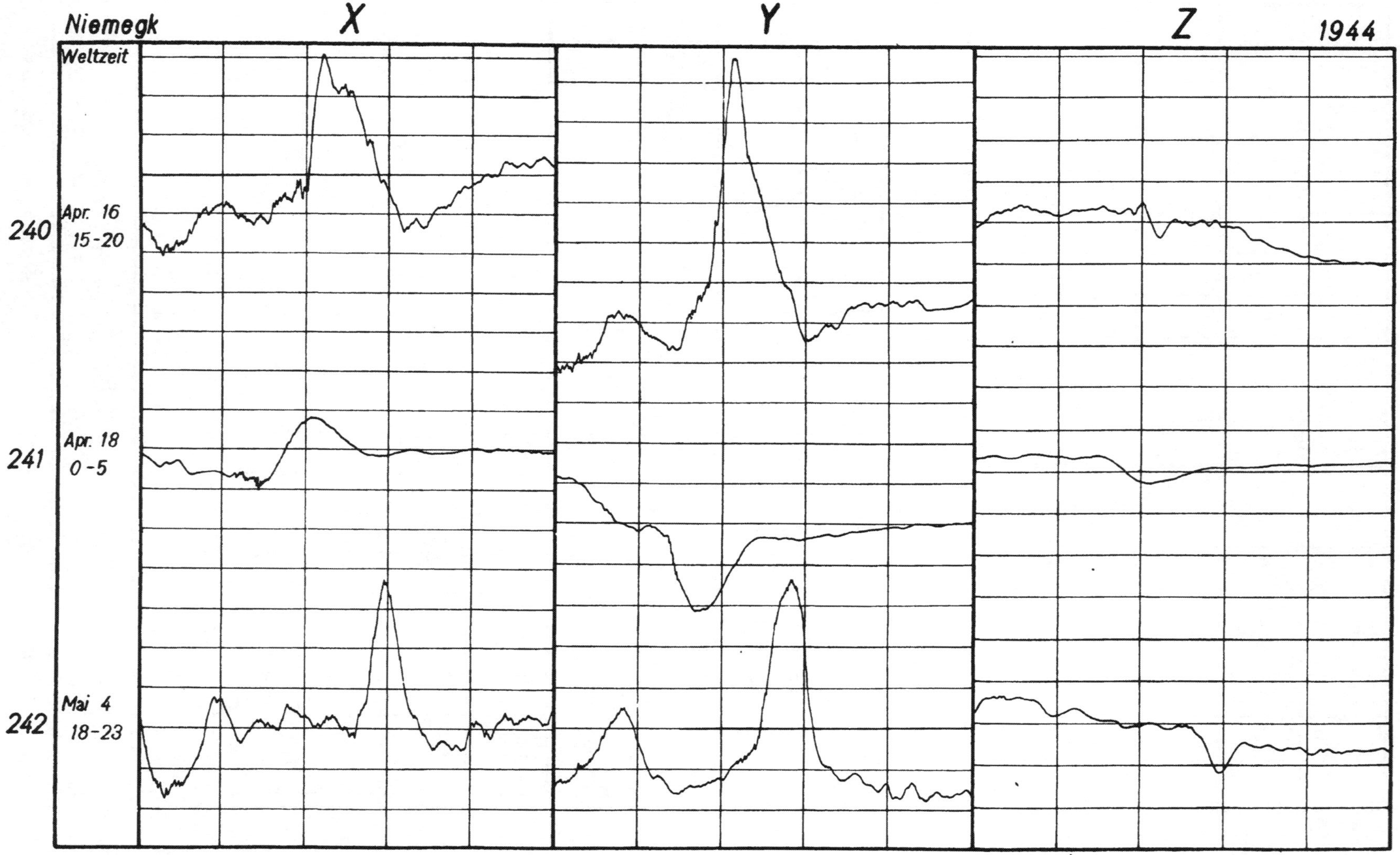

Einheit der Ordinaten 20γ. Die Ungleichheit der Teilung ist durch die Verschiedenheit der Skalenwerte bedingt

Bay-Störungen

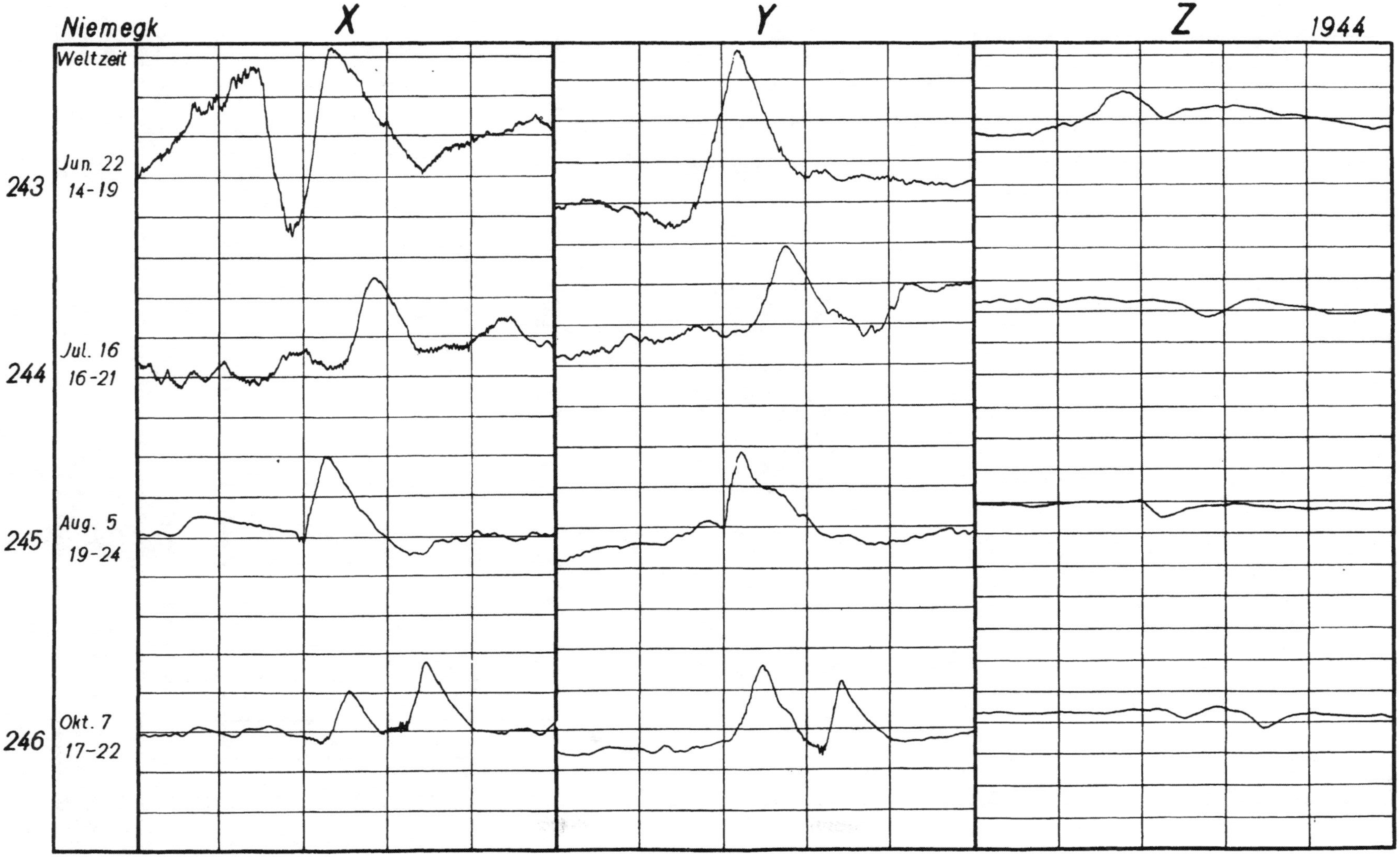

Einheit der Ordinaten 20γ. Die Ungleichheit der Teilung ist durch die Verschiedenheit der Skalenwerte bedingt

Bay-Störungen

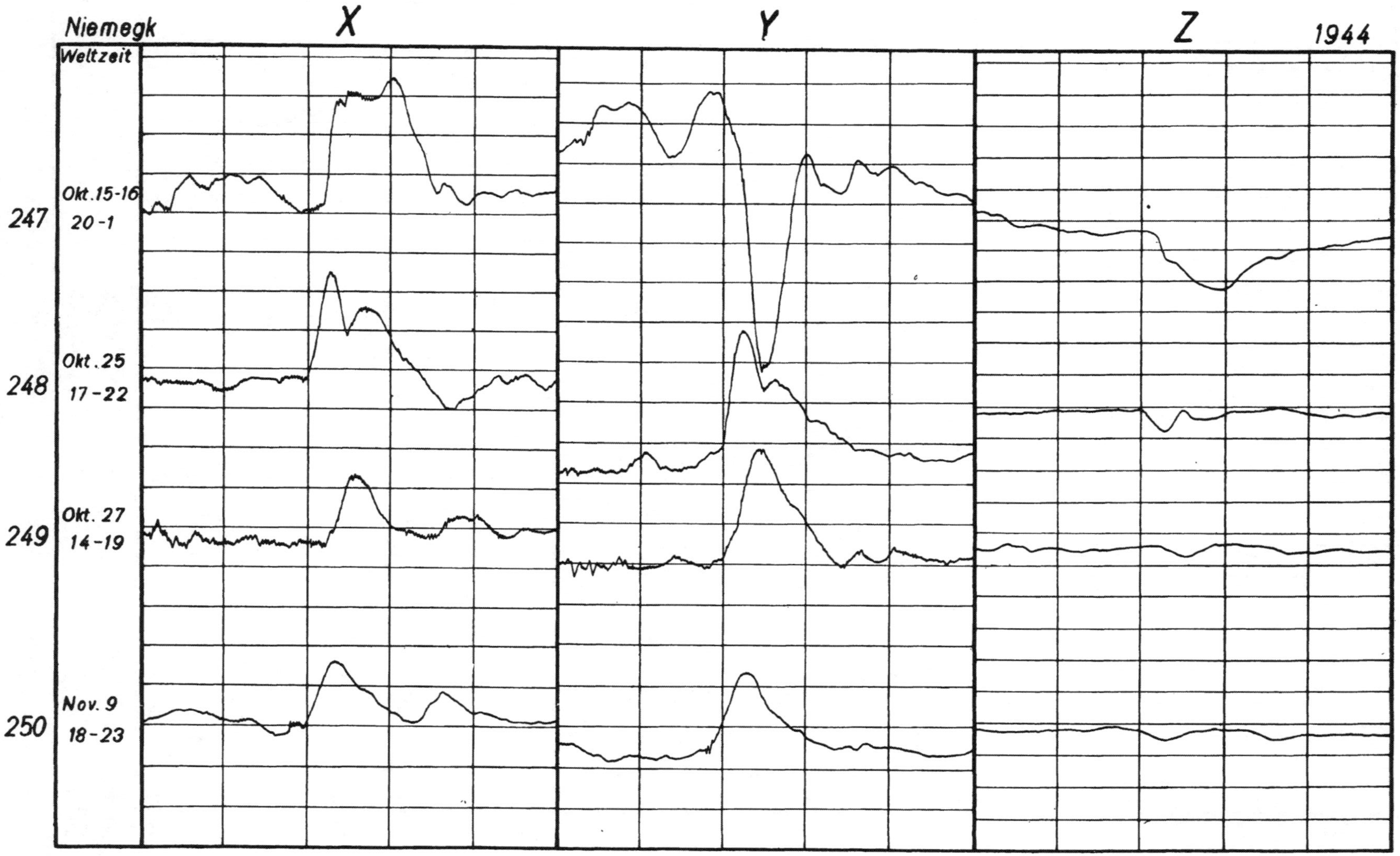

Einheit der Ordinaten 20γ. Die Ungleichheit der Teilung ist durch die Verschiedenheit der Skalenwerte bedingt

Bay-Störungen

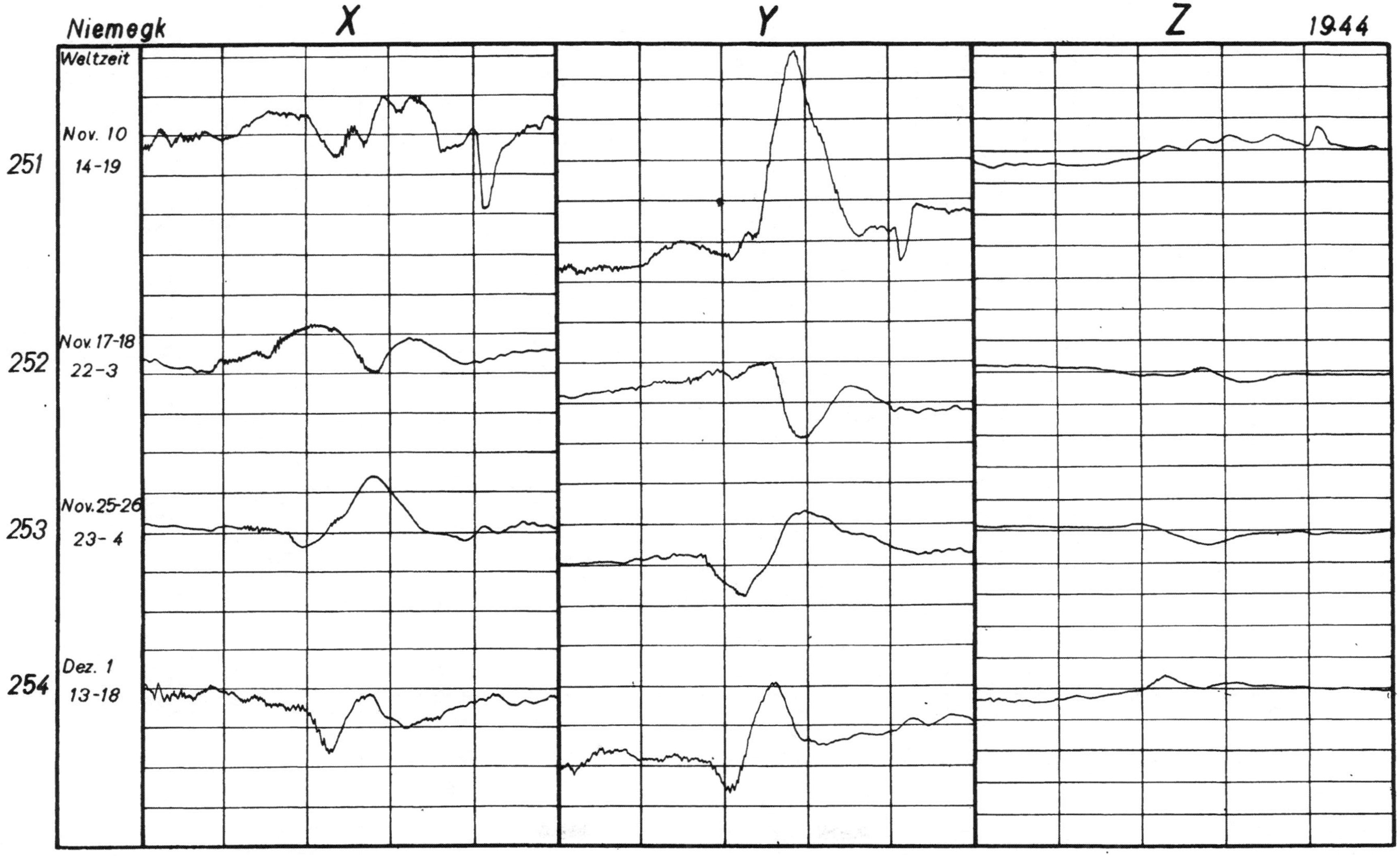

Einheit der Ordinaten 20 γ. Die Ungleichheit der Teilung ist durch die Verschiedenheit der Skalenwerte bedingt

Bay-Störungen

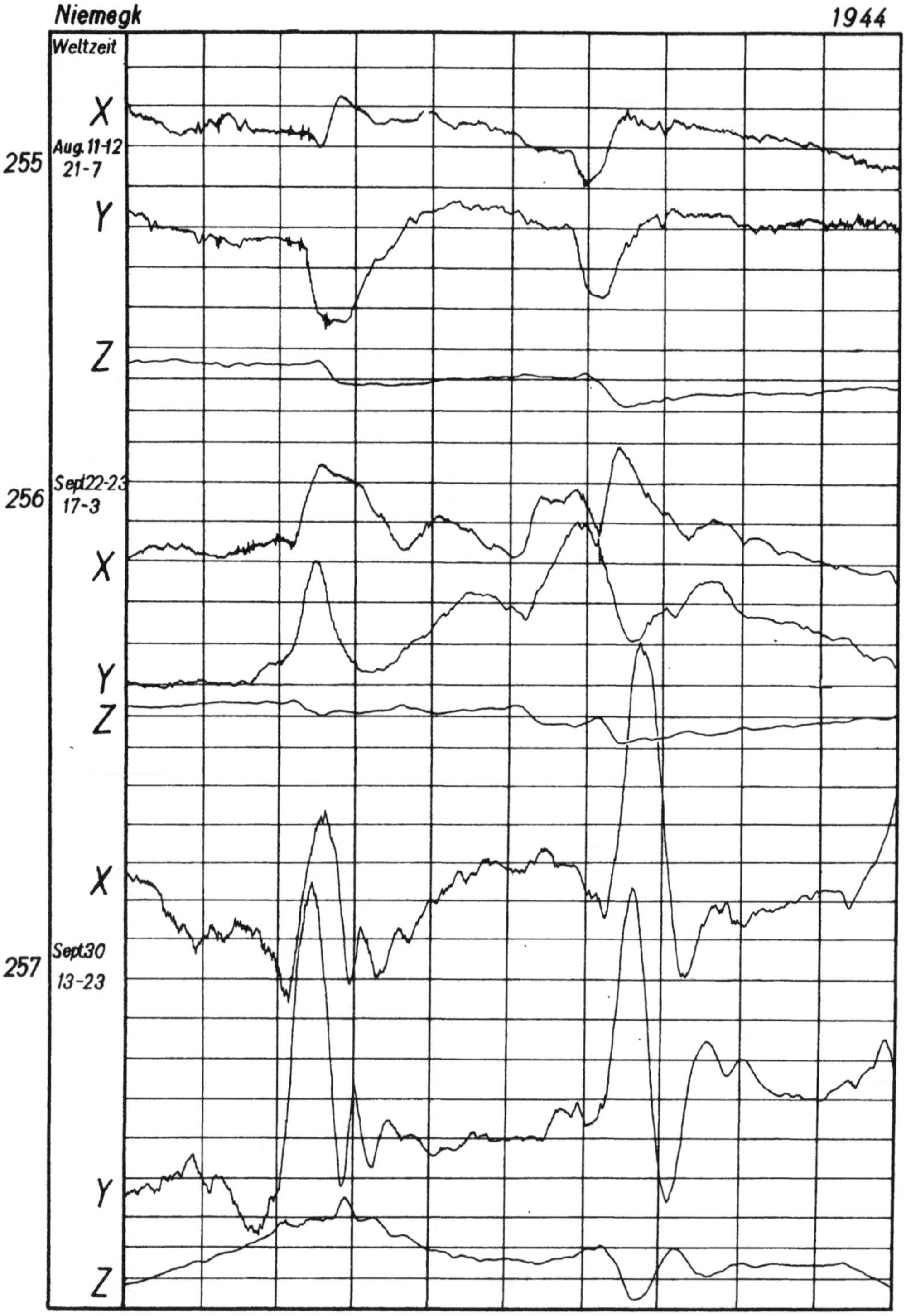

Einheit der Ordinaten 20γ. Die Ungleichheit der Teilung ist durch die Verschiedenheit der Skalenwerte bedingt

Plötzliche Einbrüche

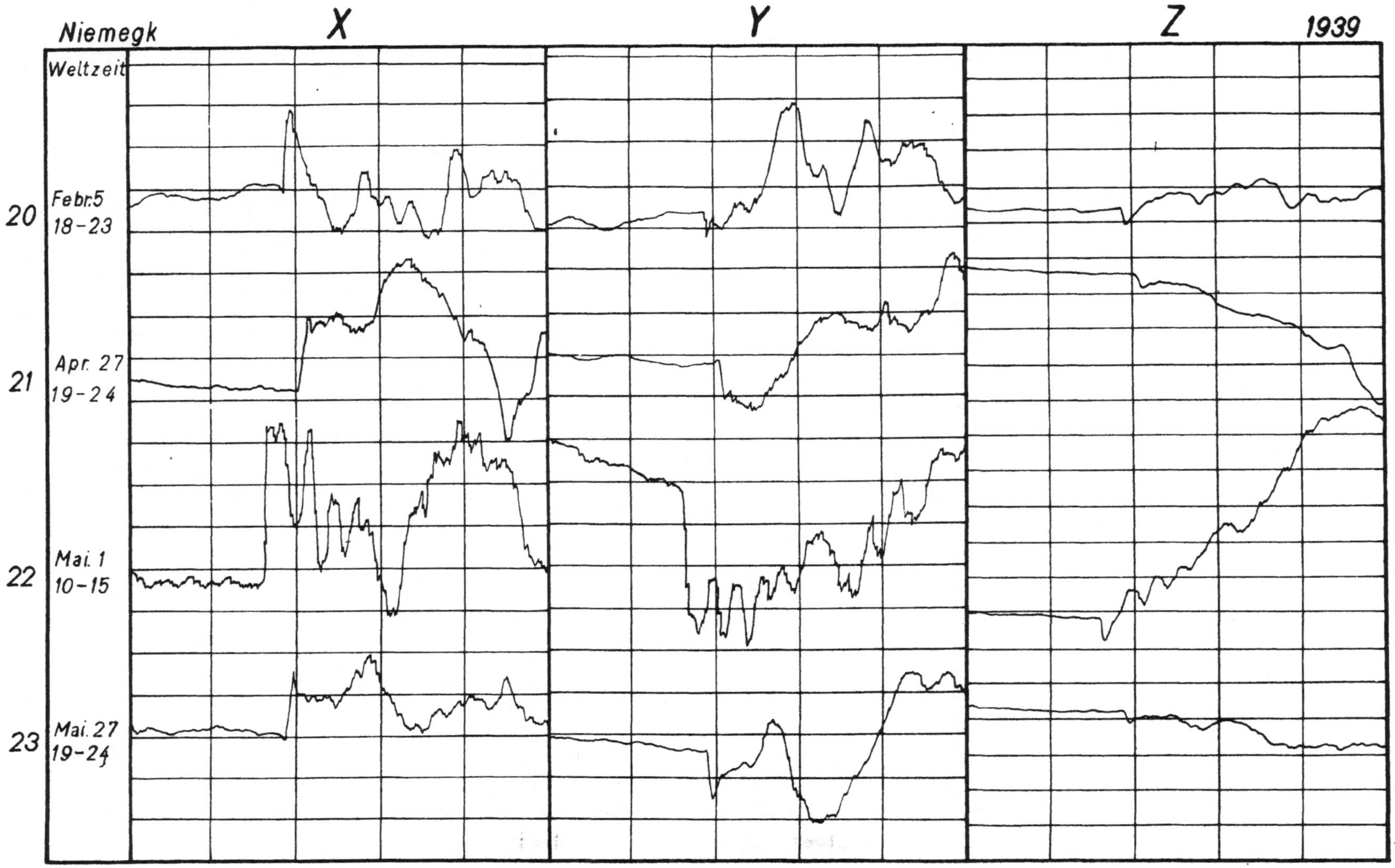

Einheit der Ordinaten 20γ. Die Ungleichheit der Teilung ist durch die Verschiedenheit der Skalenwerte bedingt.

Plötzliche Einbrüche

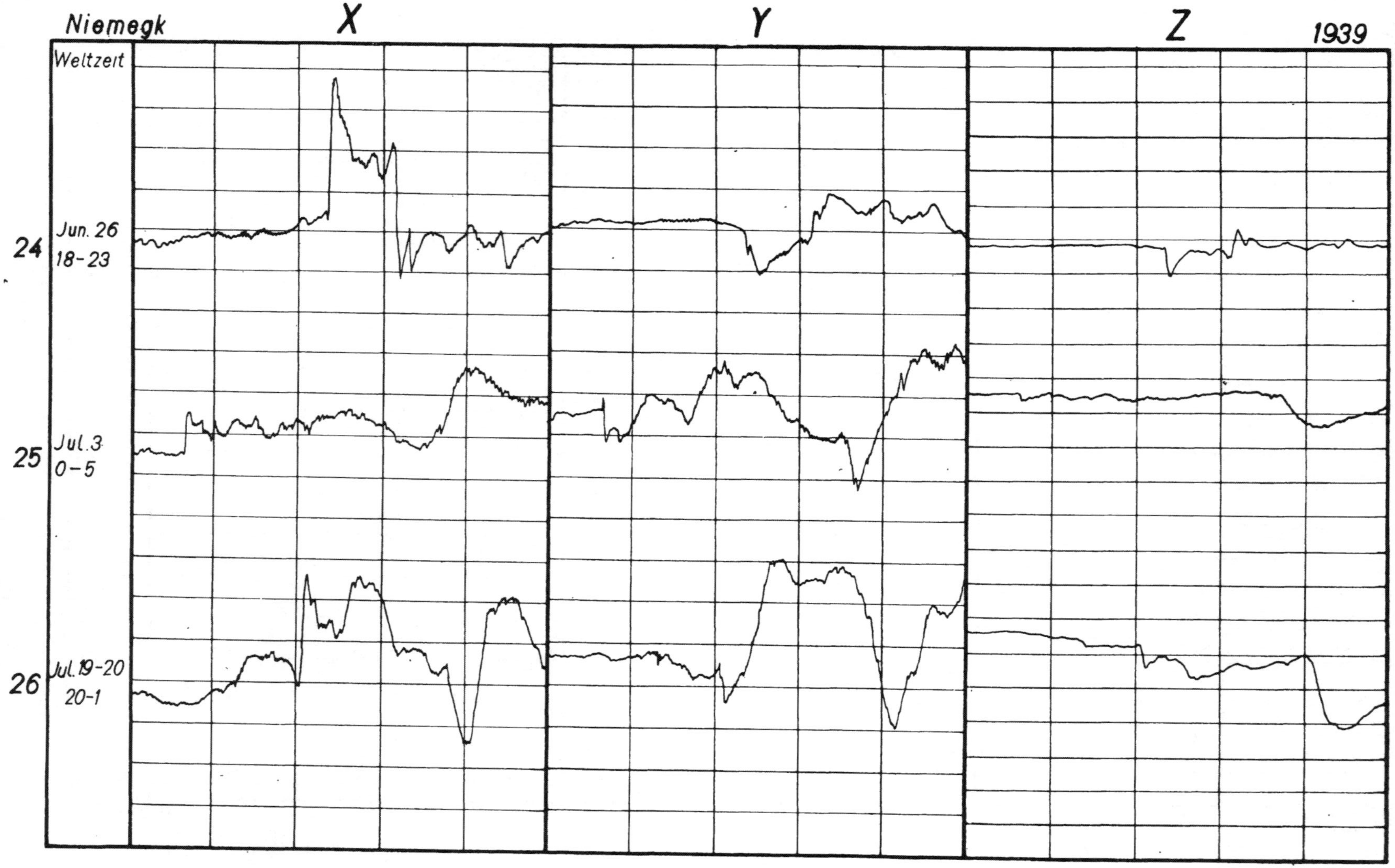

Einheit der Ordinaten 20γ. Die Ungleichheit der Teilung ist durch die Verschiedenheit der Skalenwerte bedingt

Plötzliche Einbrüche

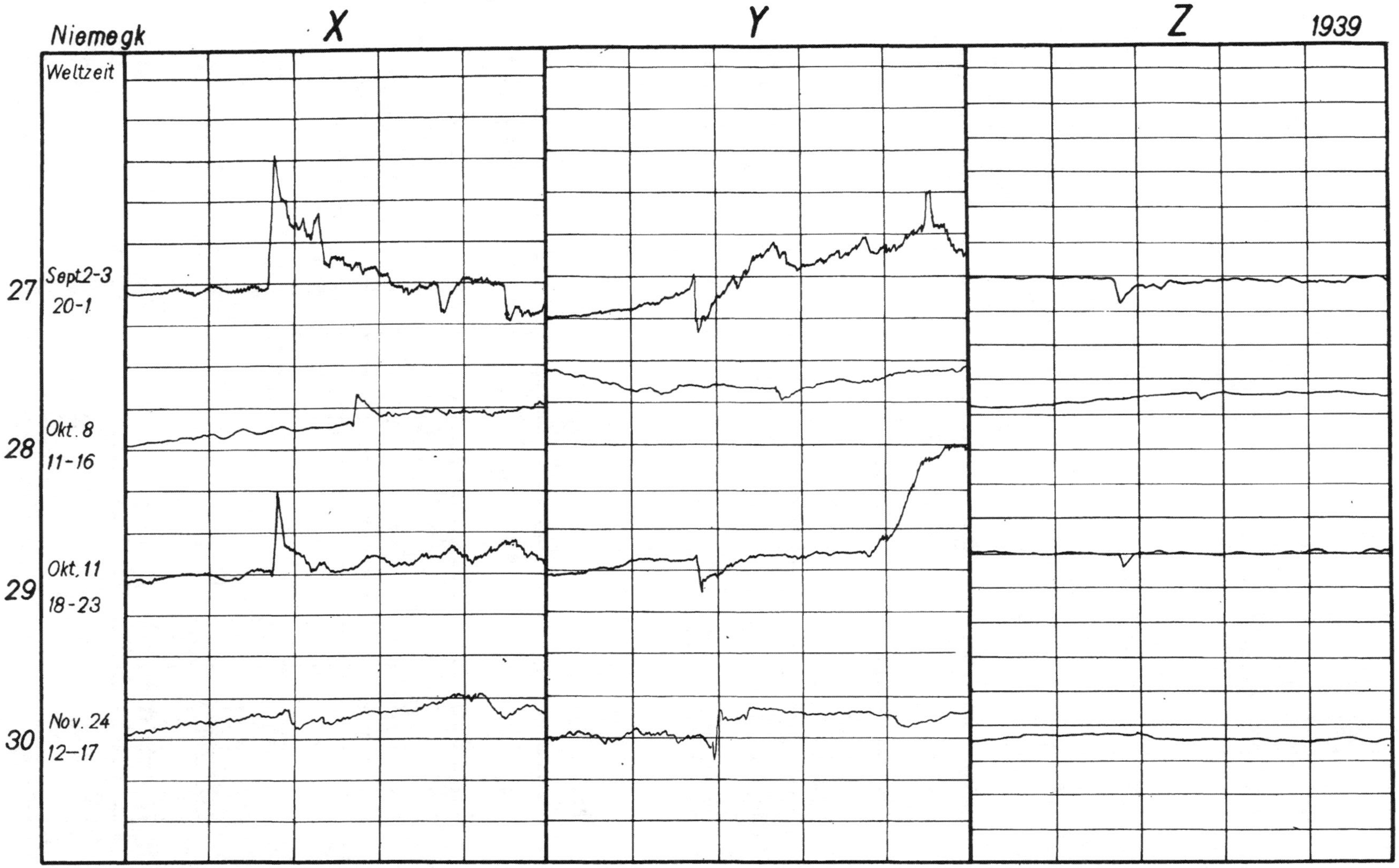

Einheit der Ordinaten 20γ. Die Ungleichheit der Teilung ist durch die Verschiedenheit der Skalenwerte bedingt

Plötzliche Einbrüche

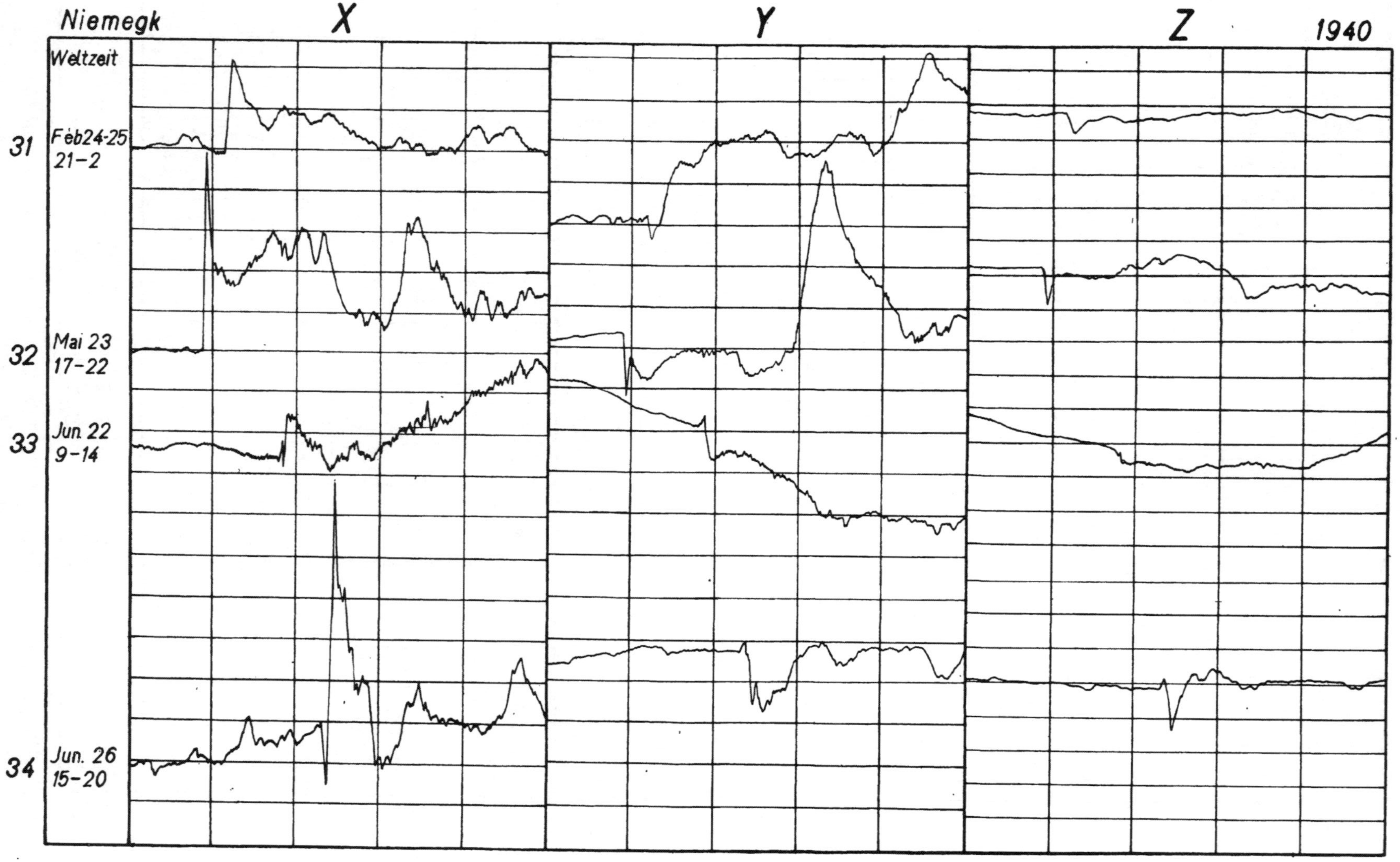

Einheit der Ordinaten 20γ. Die Ungleichheit der Teilung ist durch die Verschiedenheit der Skalenwerte bedingt

Plötzliche Einbrüche

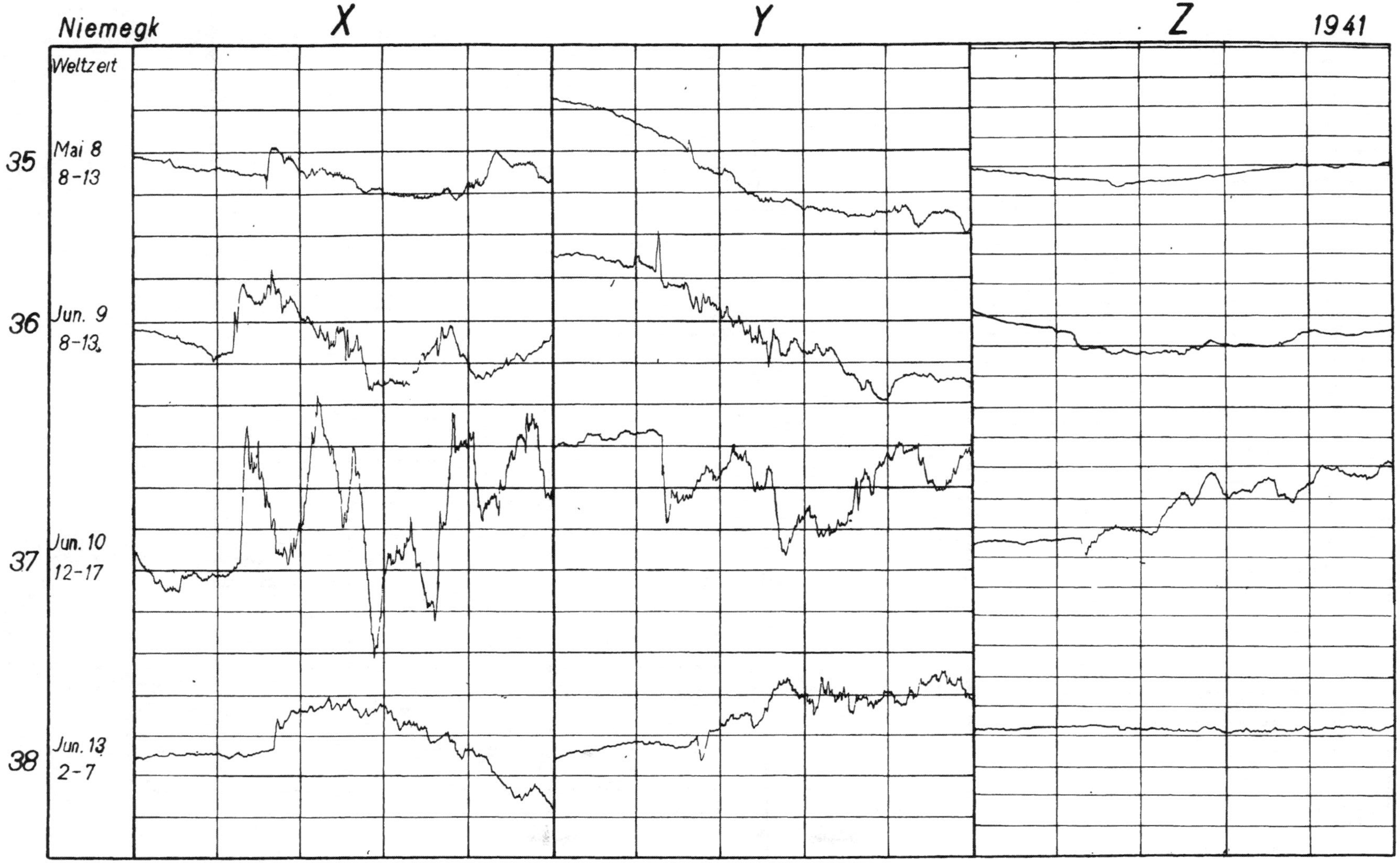

Einheit der Ordinaten 20γ. Die Ungleichheit der Teilung ist durch die Verschiedenheit der Skalenwerte bedingt

Plötzliche Einbrüche

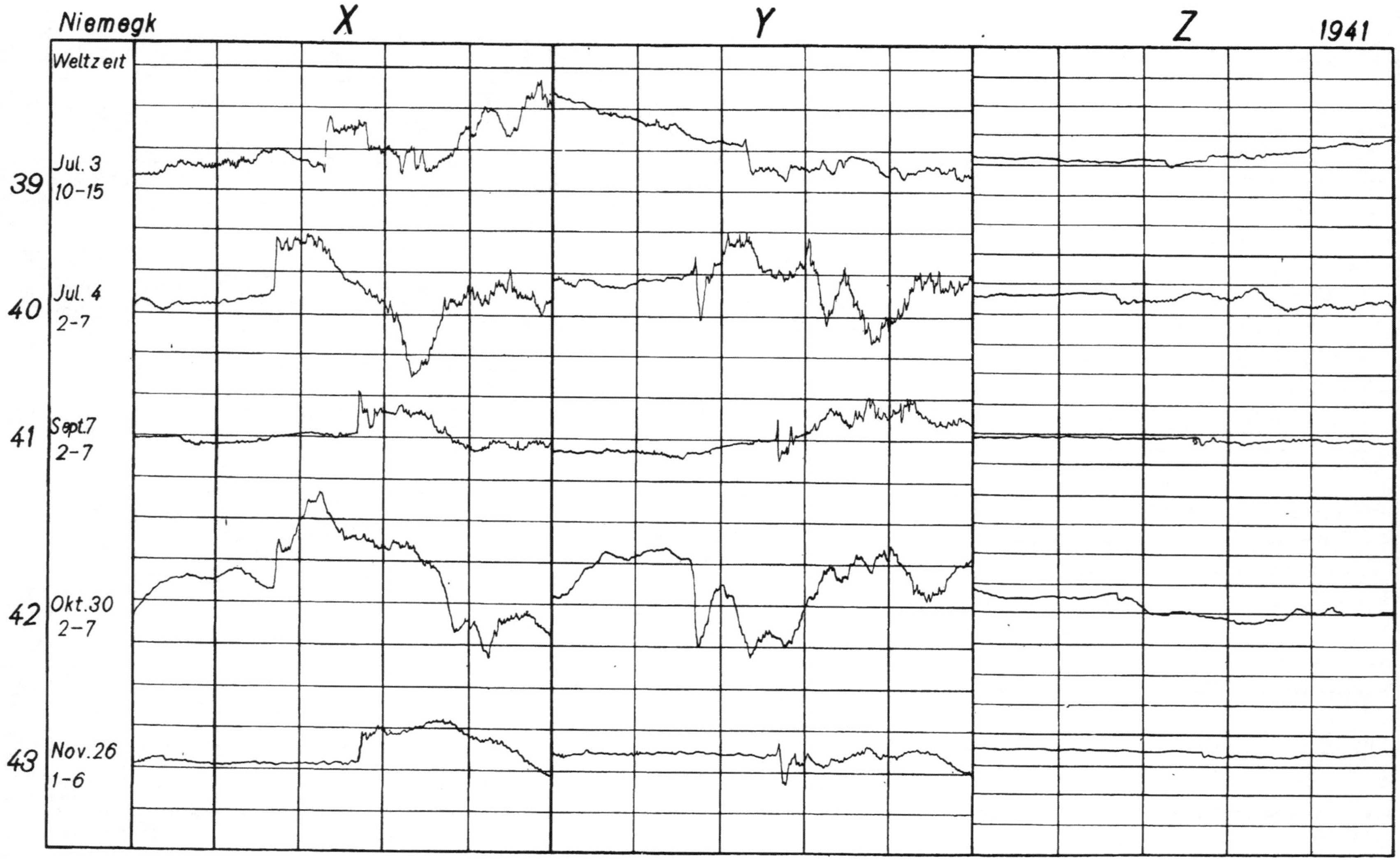

Einheit der Ordinaten 20γ. Die Ungleichheit der Teilung ist durch die Verschiedenheit der Skalenwerte bedingt

Plötzliche Einbrüche

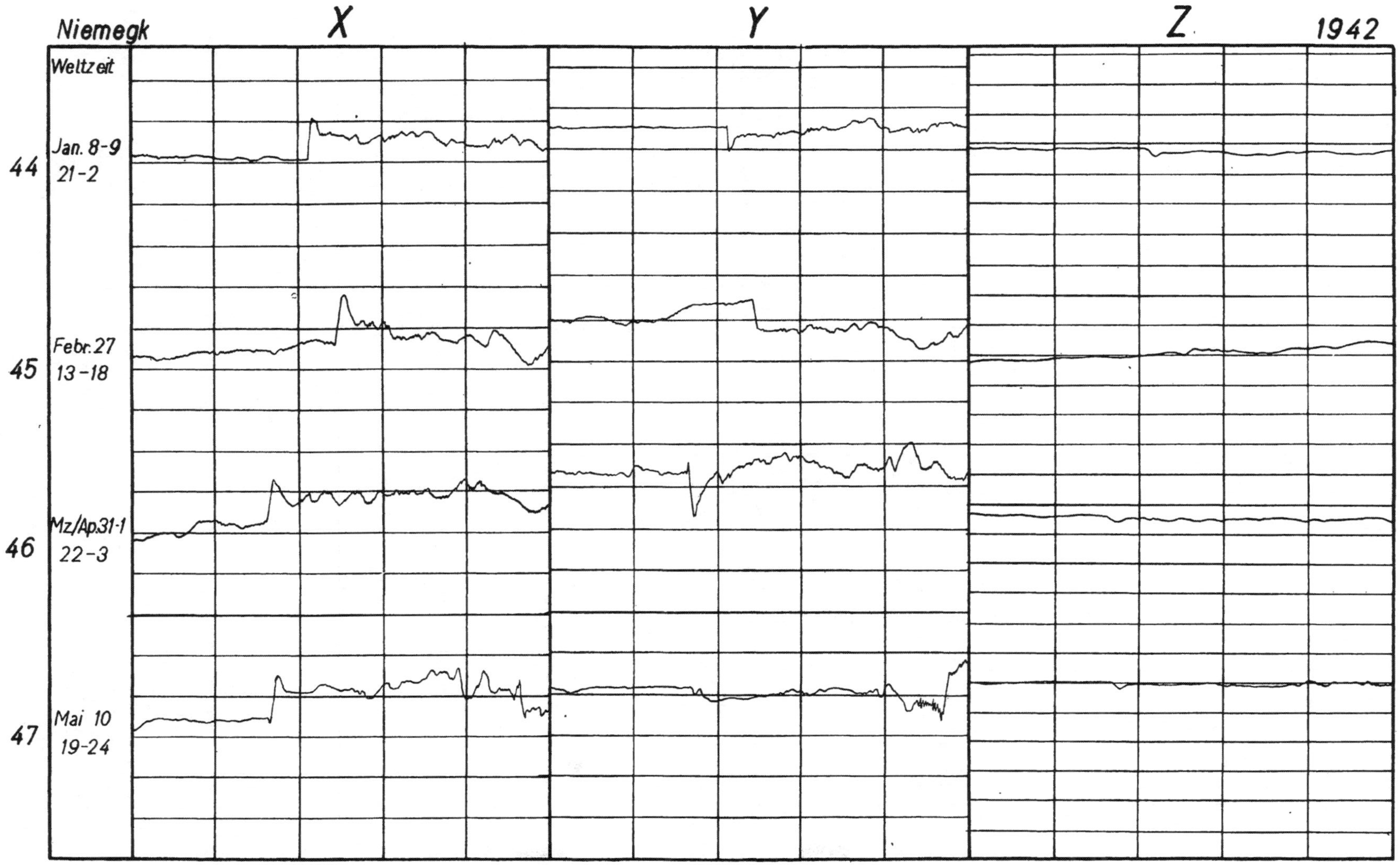

Einheit der Ordinaten 20γ. Die Ungleichheit der Teilung ist durch die Verschiedenheit der Skalenwerte bedingt.

Plötzliche Einbrüche

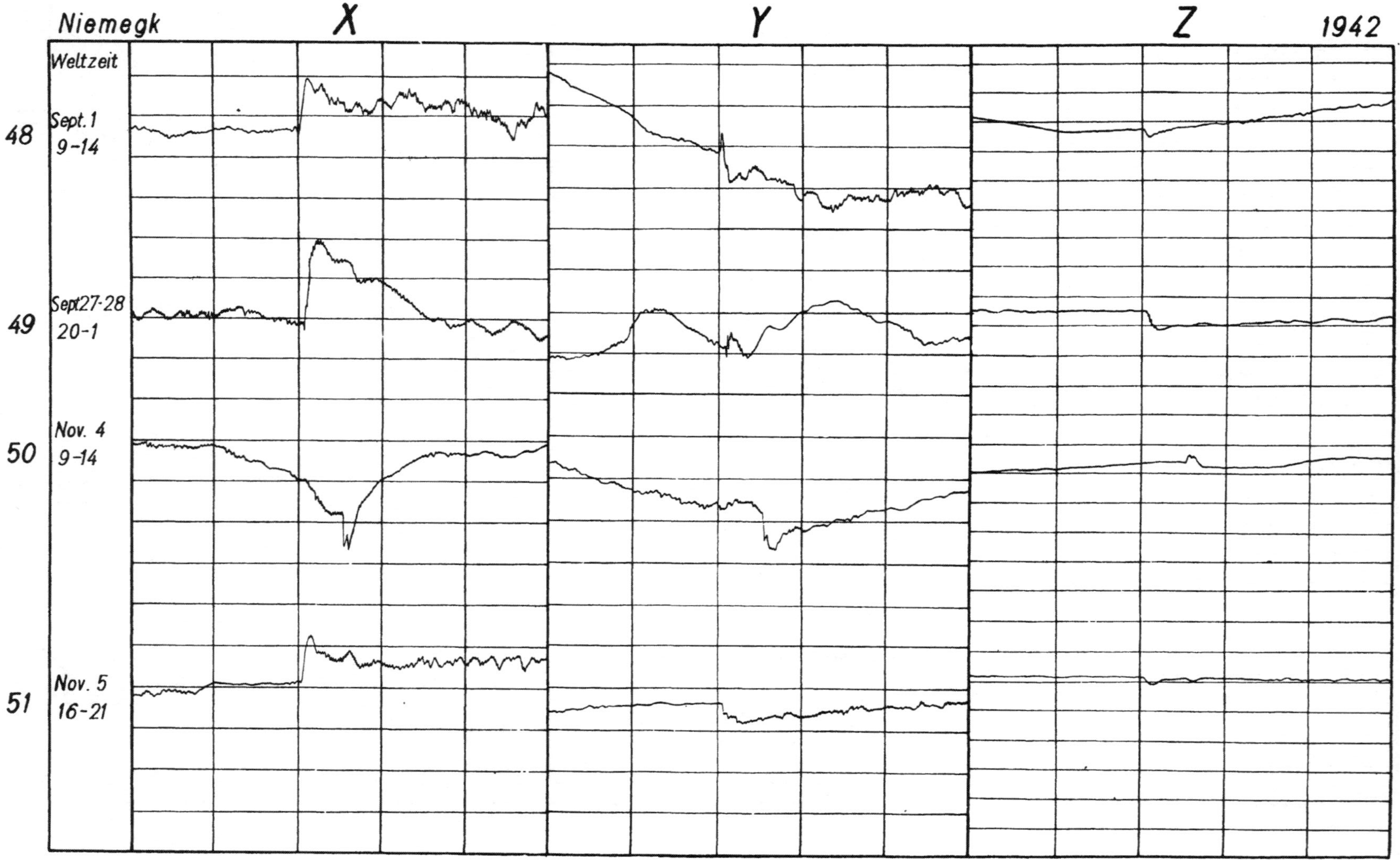

Einheit der Ordinaten 20γ. Die Ungleichheit der Teilung ist durch die Verschiedenheit der Skalenwerte bedingt

Plötzliche Einbrüche

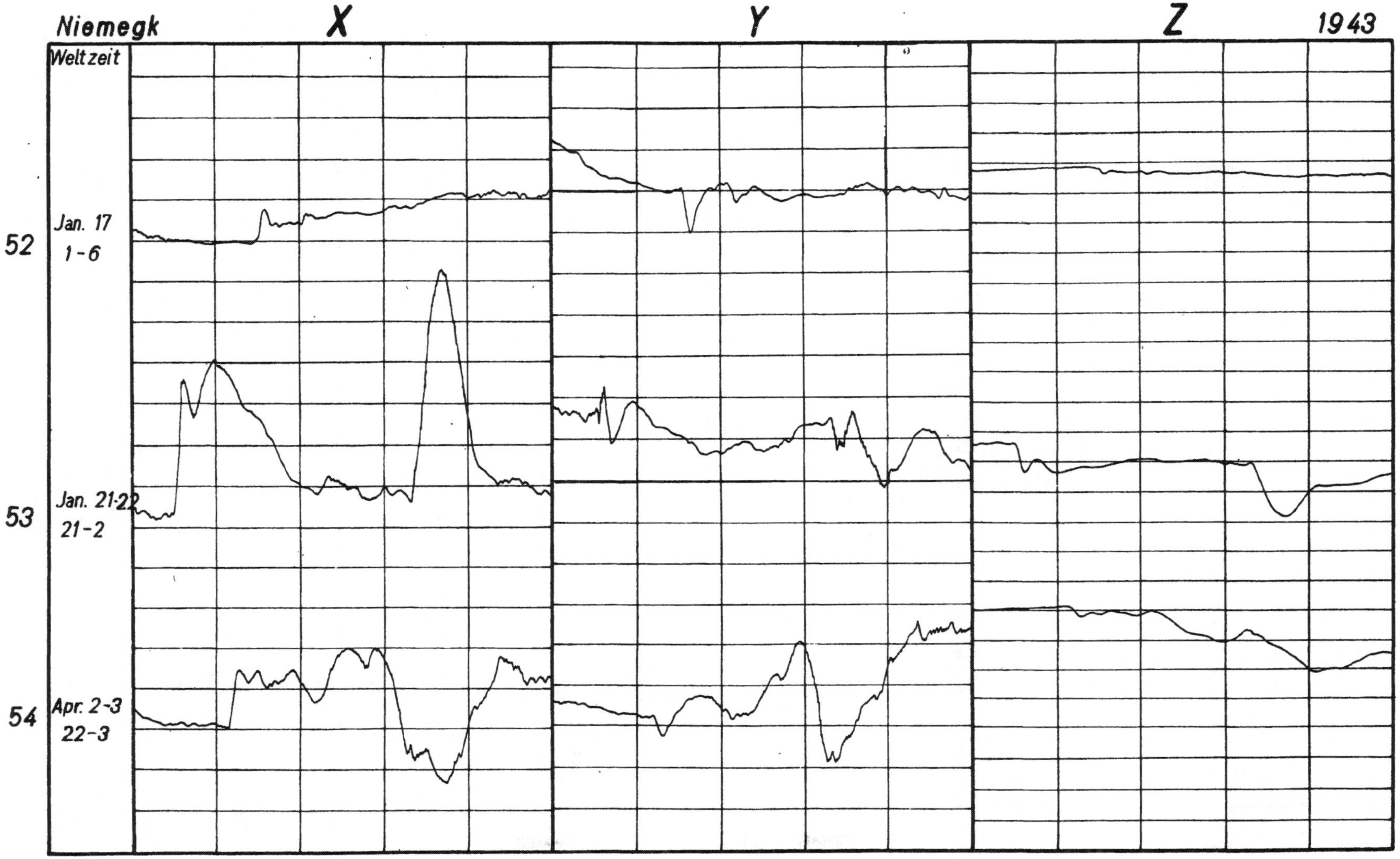

Einheit der Ordinaten 20γ. Die Ungleichheit der Teilung ist durch die Verschiedenheit der Skalenwerte bedingt

Plötzliche Einbrüche

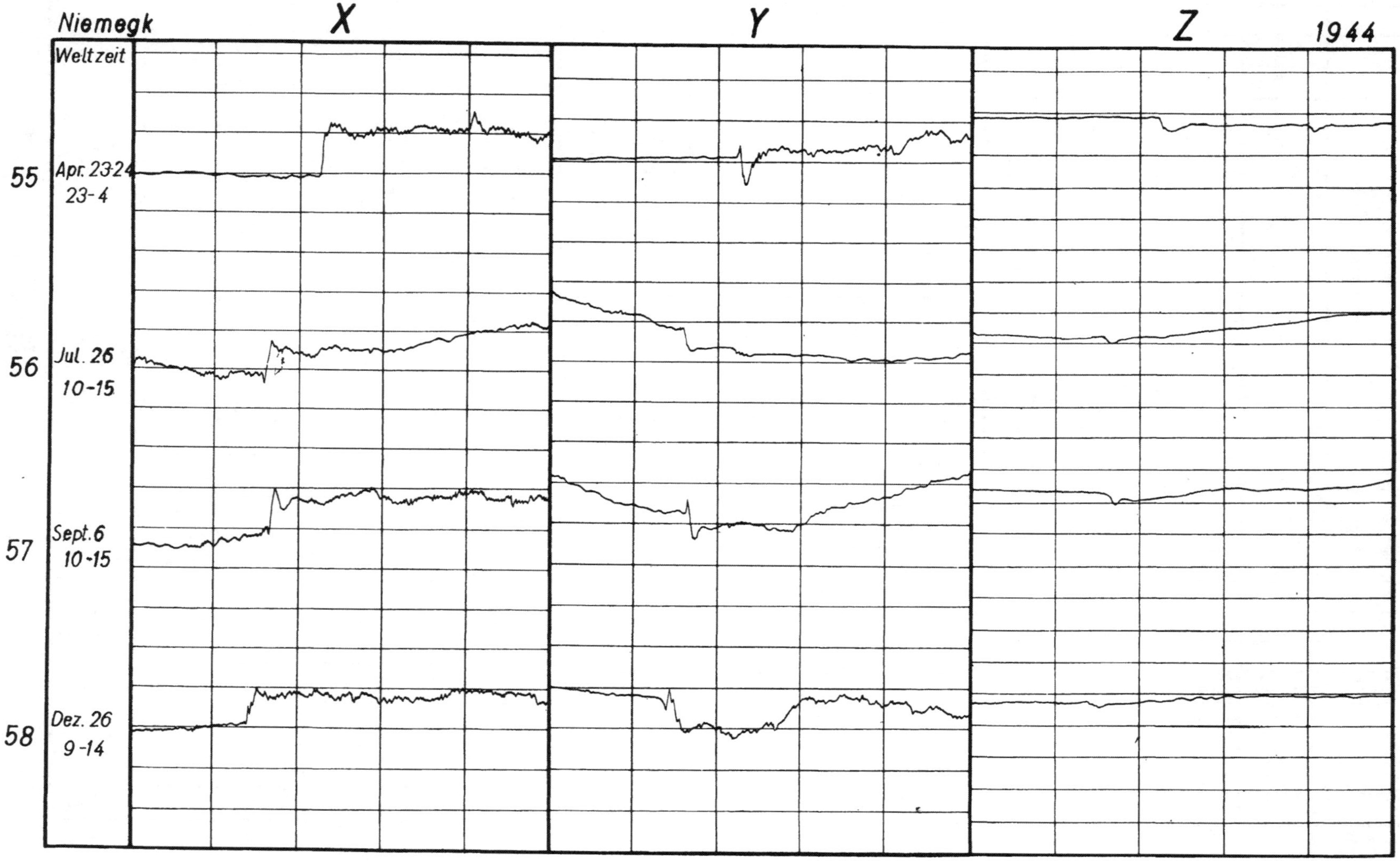

Einheit der Ordinaten 20γ. Die Ungleichheit der Teilung ist durch die Verschiedenheit der Skalenwerte bedingt

Sonneneruptionsenekte

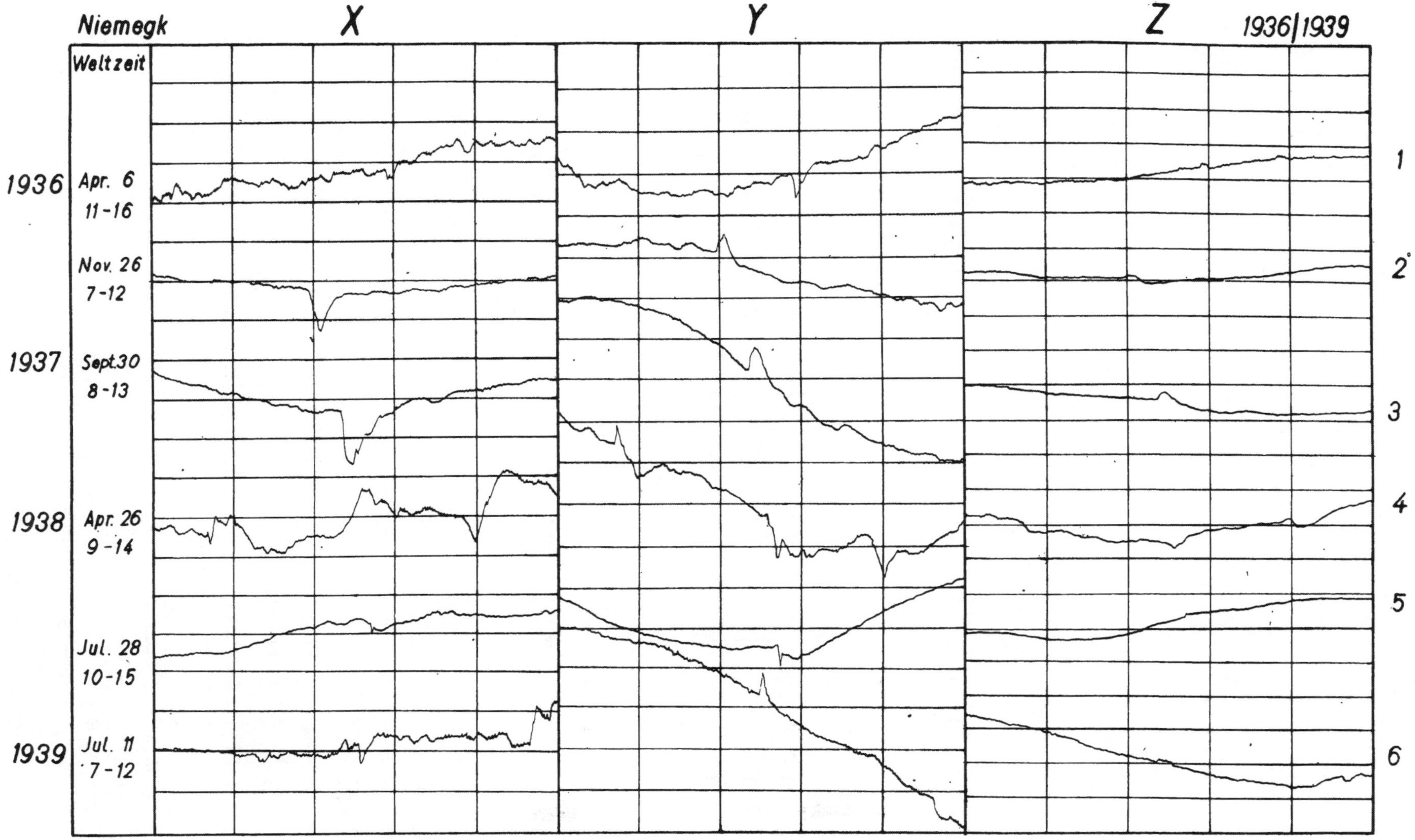

Einheit der Ordinaten 20 γ. Die Ungleichheit der Teilung ist durch die Verschiedenheit der Skalenwerte bedingt.

Sonneneruptionseffekte

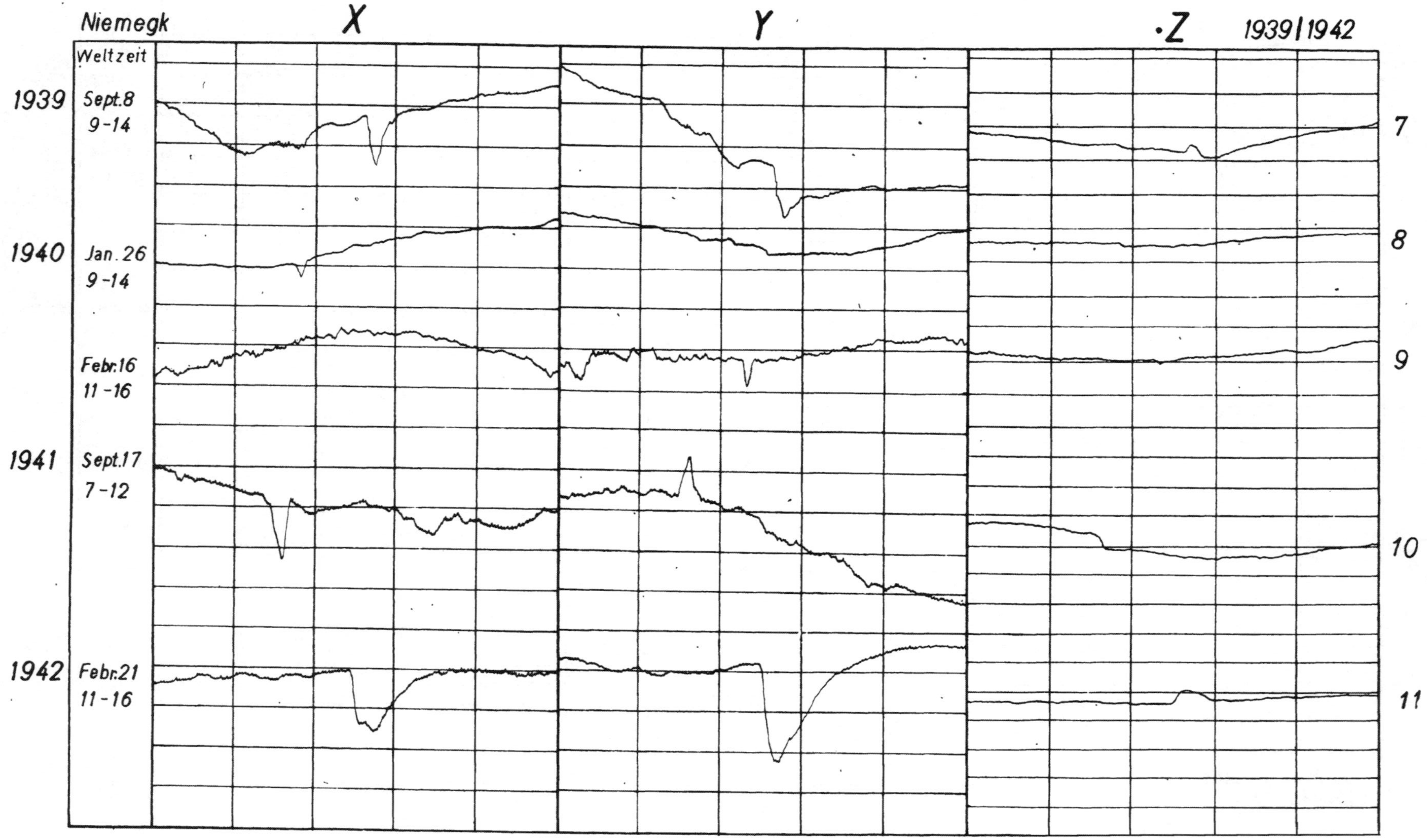

Elementarwellen der Horizontalintensität

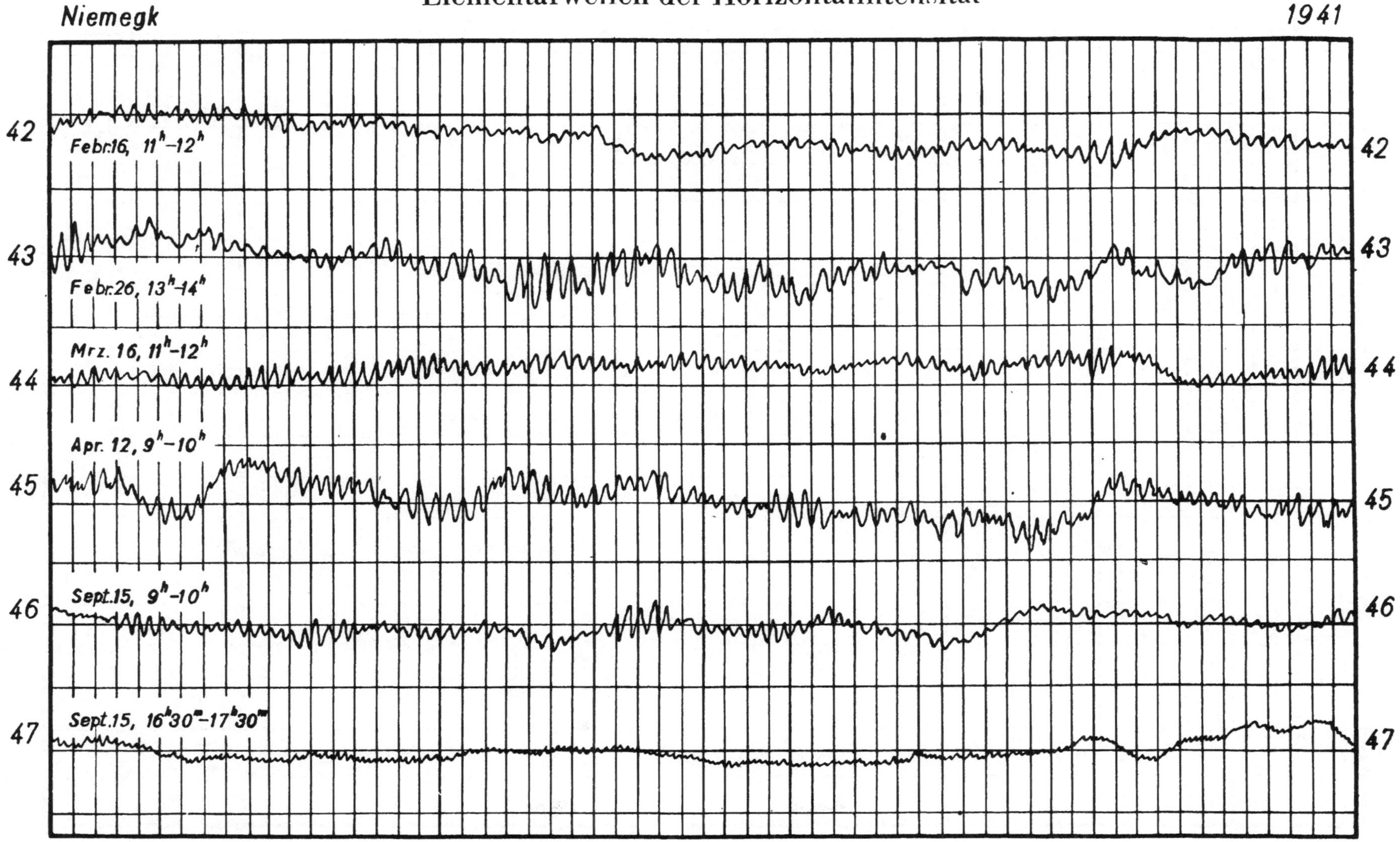

Einheit der Ordinaten 10 γ. Die Ungleichheit der Teilung ist durch die Verschiedenheit der Skalenwerte bedingt

Elementarwellen der Horizontalintensität

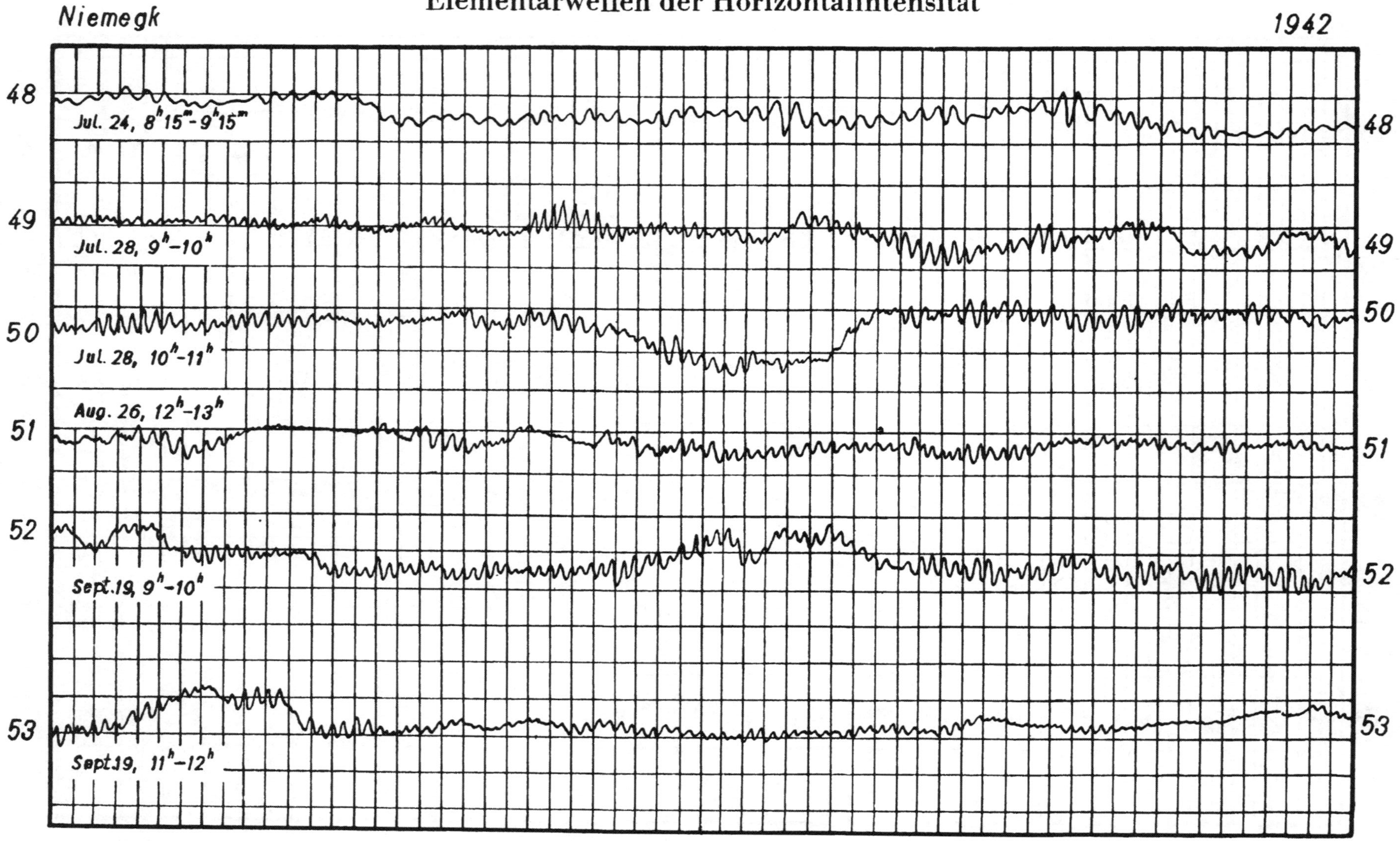

Einheit der Ordinaten 10 γ. Die Ungleichheit der Teilung ist durch die Verschiedenheit der Skalenwerte bedingt

Elementarwellen der Horizontalintensität

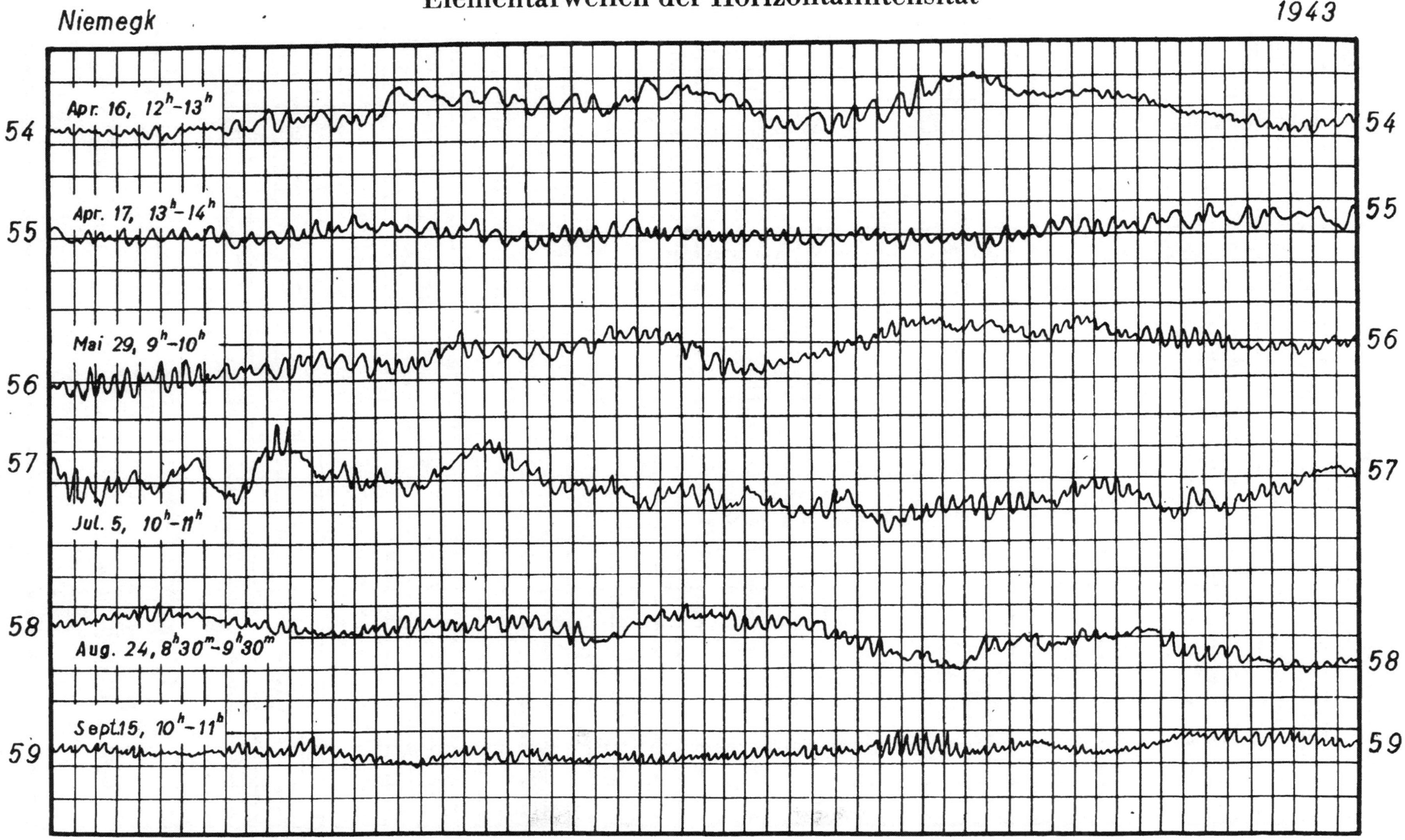

Einheit der Ordinaten 10 γ. Die Ungleichheit der Teilung ist durch die Verschiedenheit der Skalenwerte bedingt

Elementarwellen der Horizontalintensität

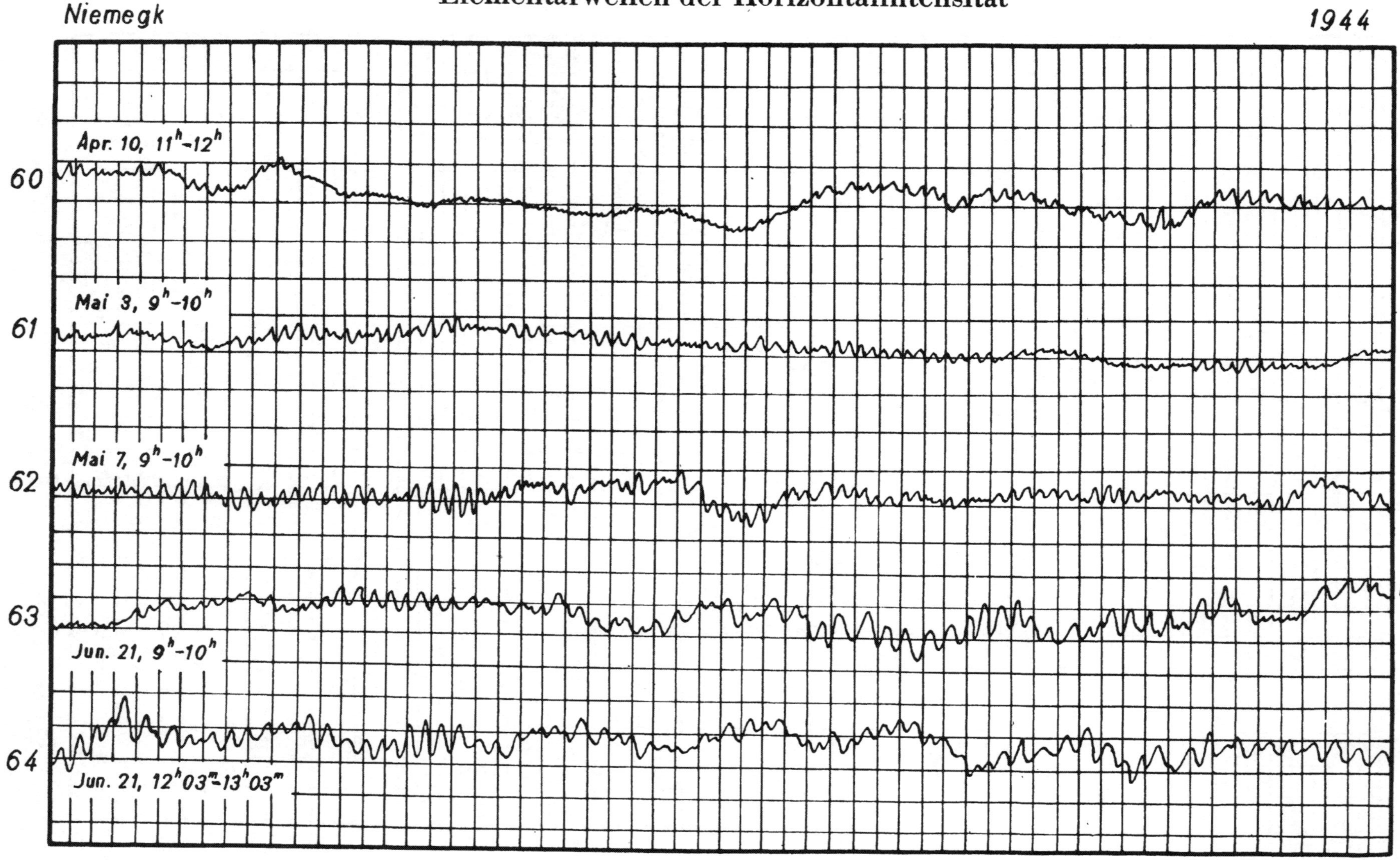

Einheit der Ordinaten 10 γ. Die Ungleichheit der Teilung ist durch die Verschiedenheit der Skalenwerte bedingt

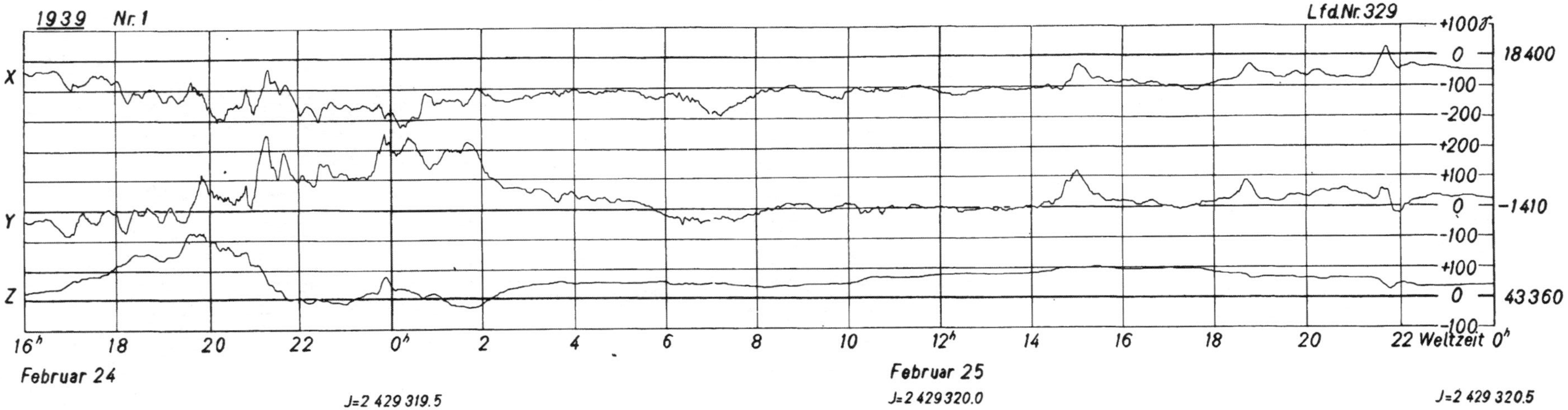

Die Nullinien entsprechen dem Durchschnitt der 10 Tage von Februar 14 bis 23

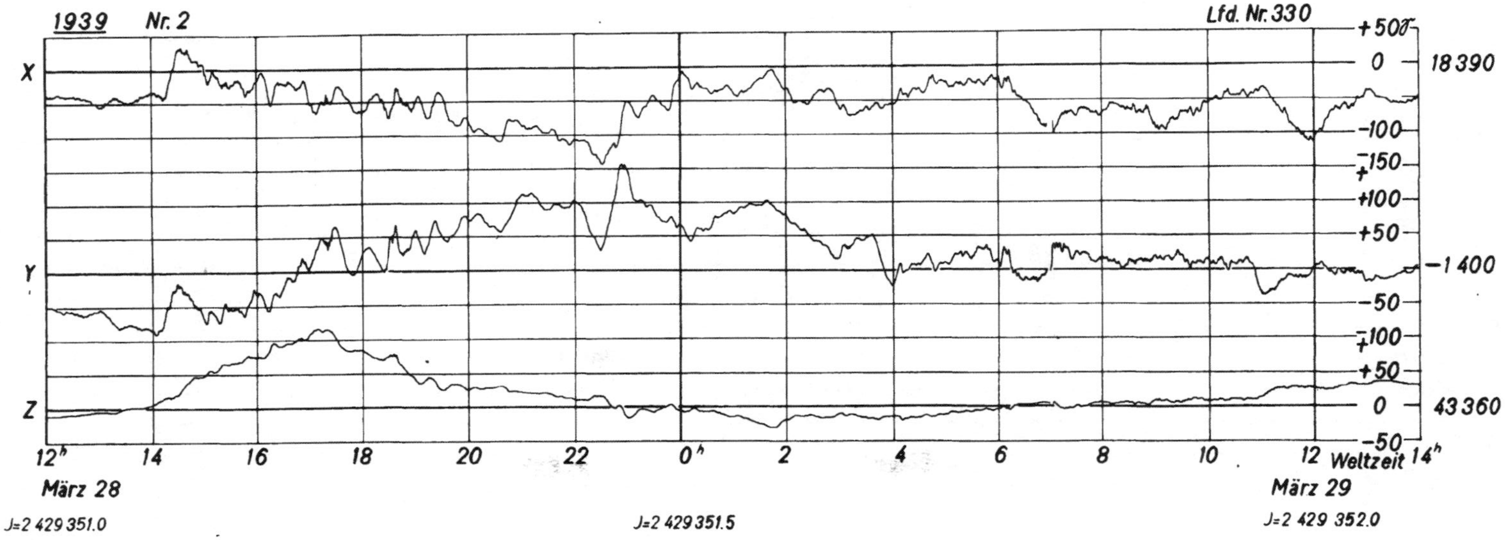

Die Nullinien entsprechen dem Durchschnitt der 10 Tage von März 18 bis 27

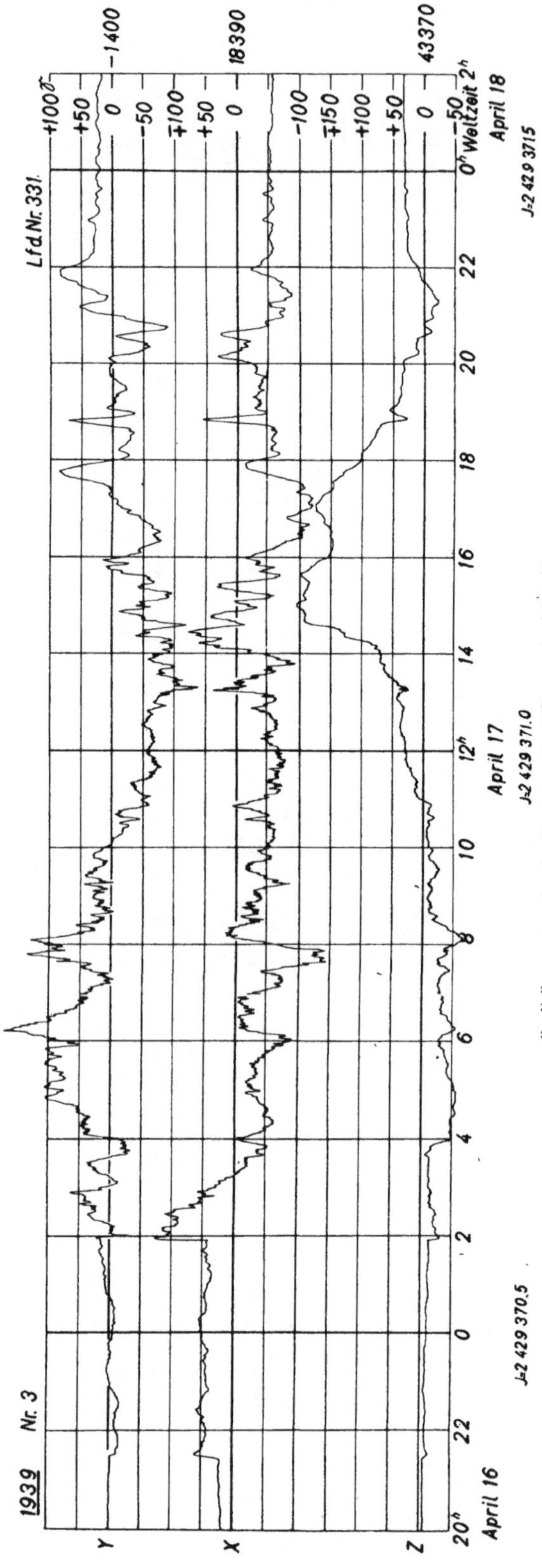

Die Nullinien entsprechen dem Durchschnitt der 10 Tage von April 7 bis 16

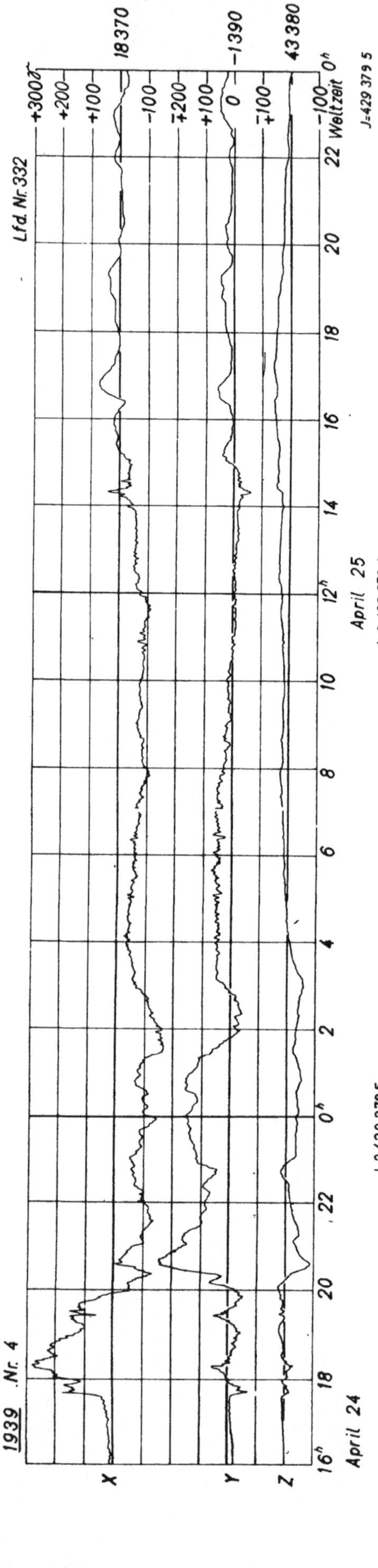

Die Nullinien entsprechen dem Durchschnitt der 10 Tage von April 15 bis 24

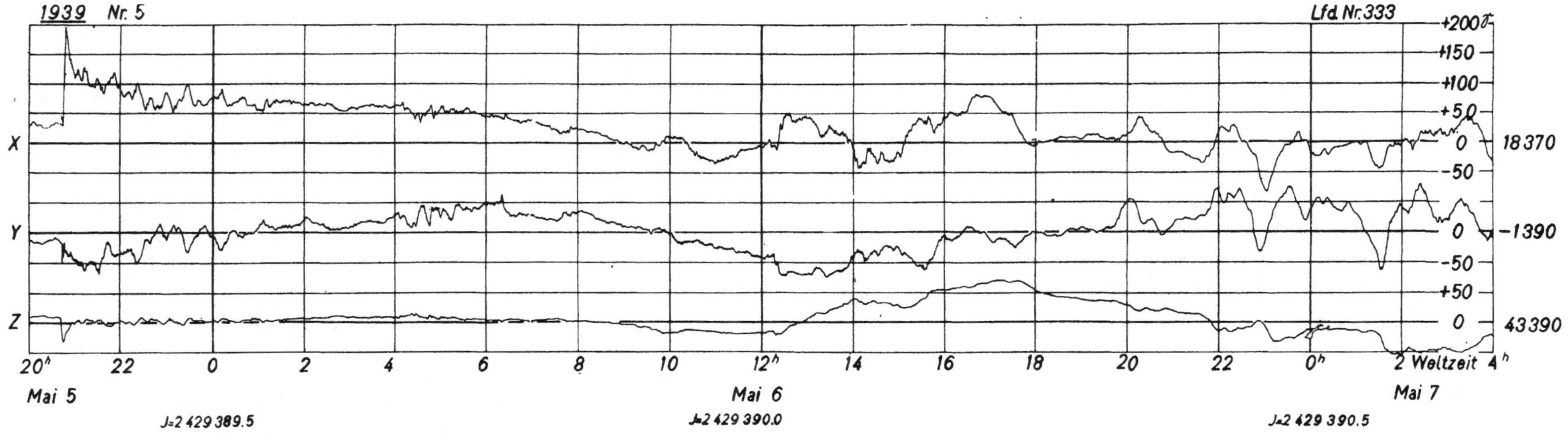

Die Nullinien entsprechen dem Durchschnitt der 10 Tage von April 26 bis Mai 5

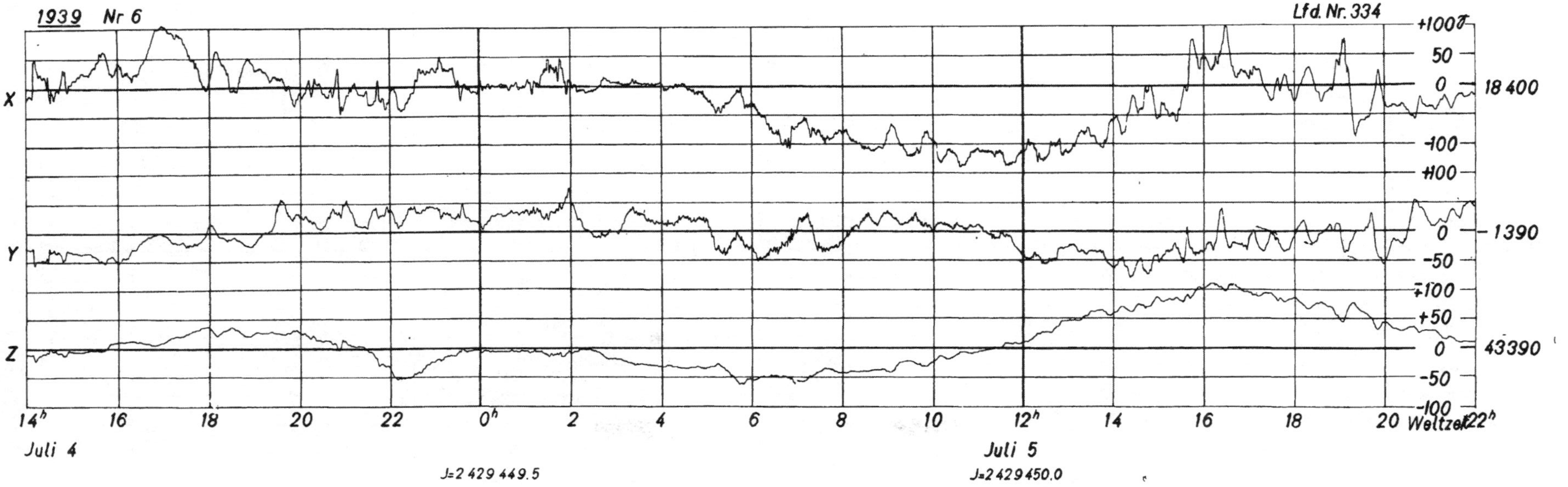

Die Nullinien entsprechen dem Durchschnitt der 10 Tage von Juni 25 bis Juli 4

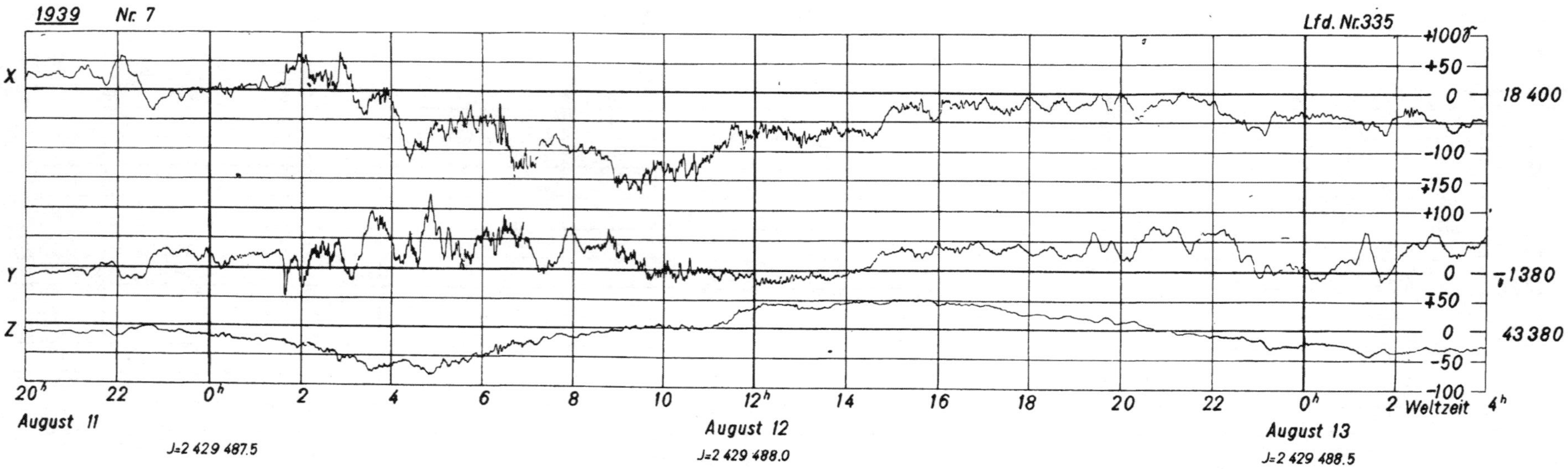

Die Nullinien entsprechen dem Durchschnitt der 10 Tage von August 2 bis 11

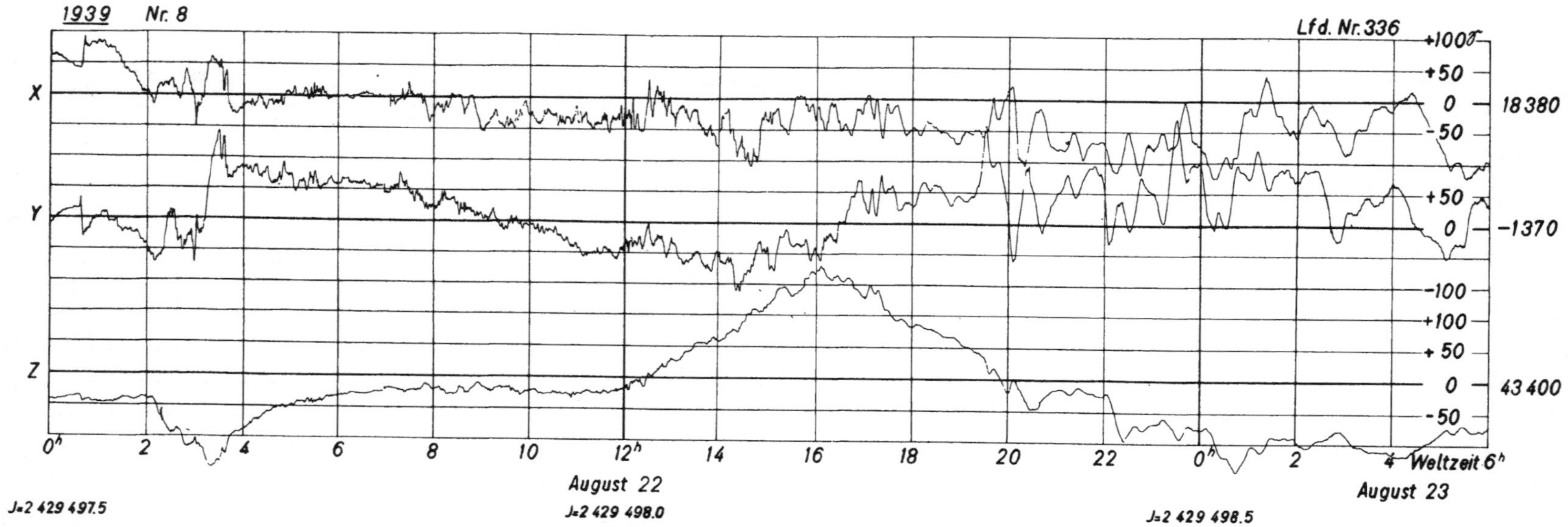

Die Nullinien entsprechen dem Durchschnitt der 10 Tage von August 12 bis 21

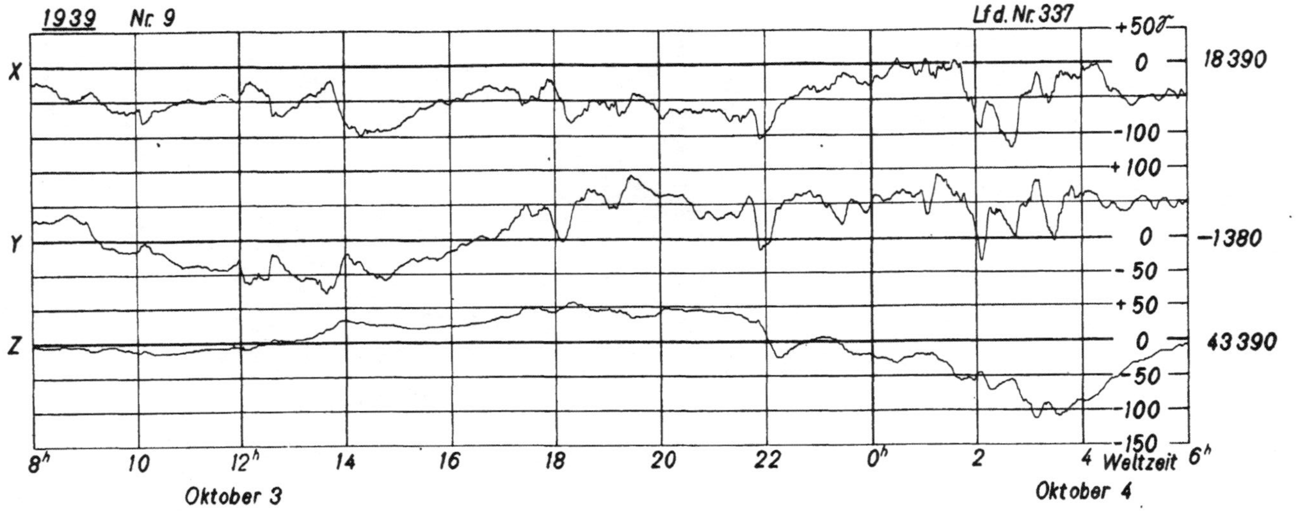

J=2 429 540 0

J=2 429 540.5

Die Nullinien entsprechen dem Durchschnitt der 10 Tage von September 23 bis Oktober 2

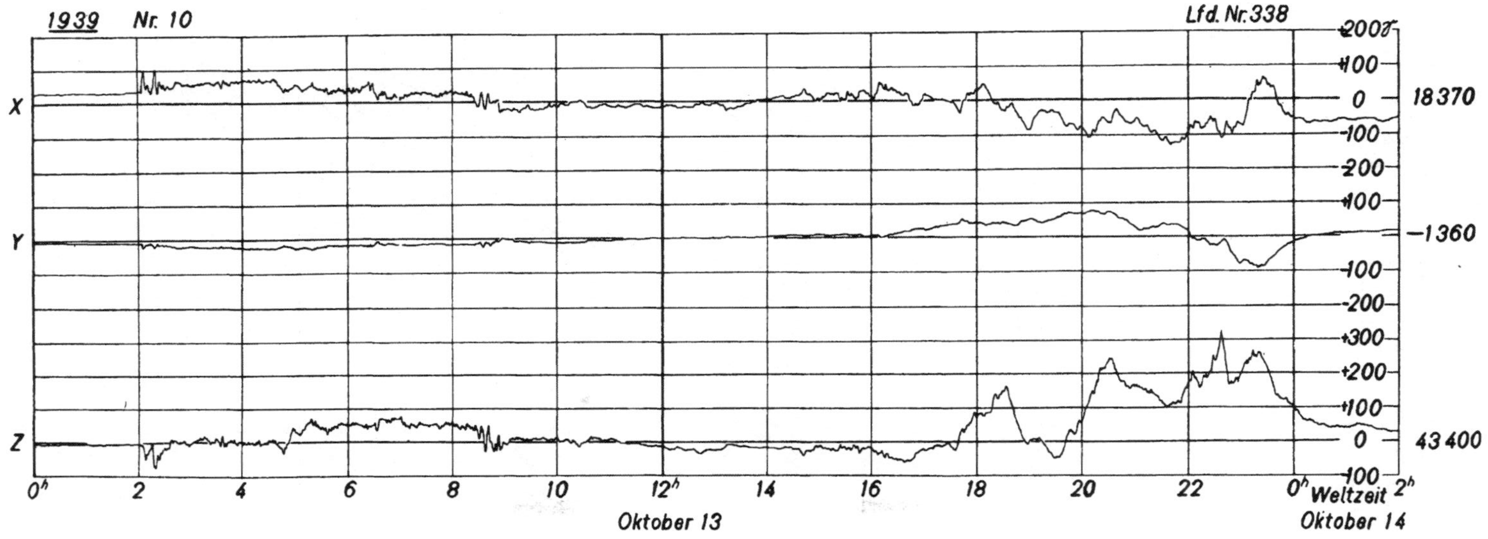

J=2 429 549.5

J=2 429 550 0

J=2 429 550.5

Die Nullinien entsprechen dem Durchschnitt der 10 Tage von Oktober 3 bis 12

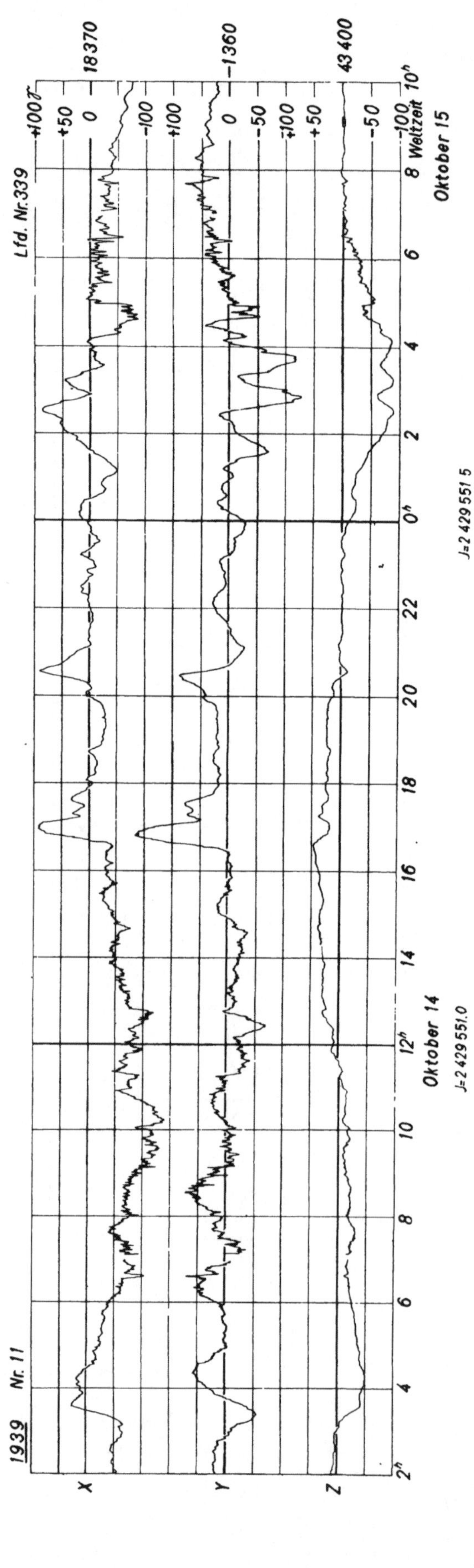

Die Nullinien entsprechen dem Durchschnitt der 10 Tage von Oktober 3 bis 12

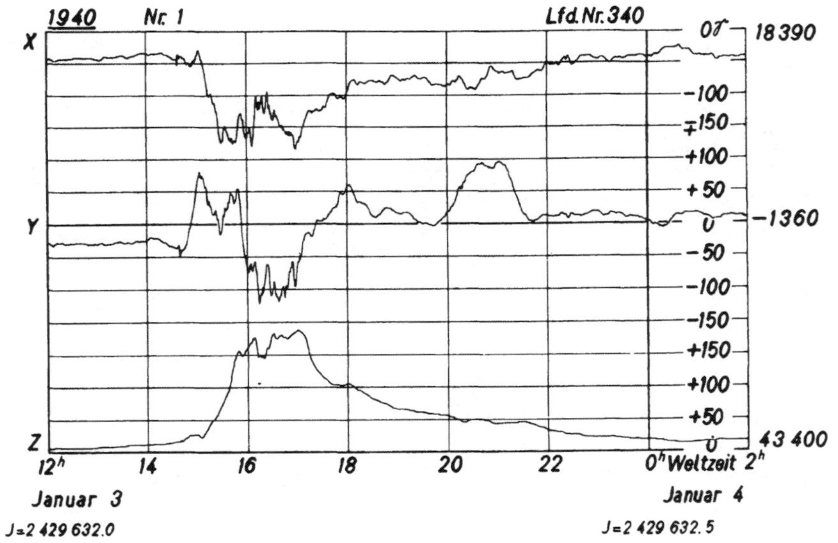

Die Nullinien entsprechen dem Durchschnitt der 10 Tage von Dezember 21 bis Januar 2

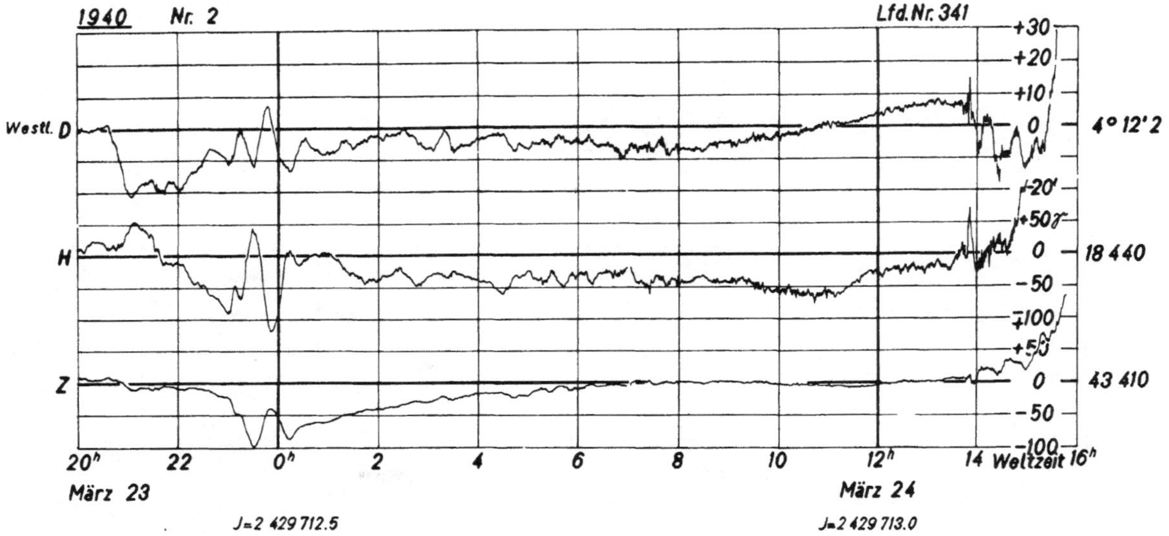

Die Nullinien entsprechen dem Durchschnitt der 10 Tage von März 14 bis 23

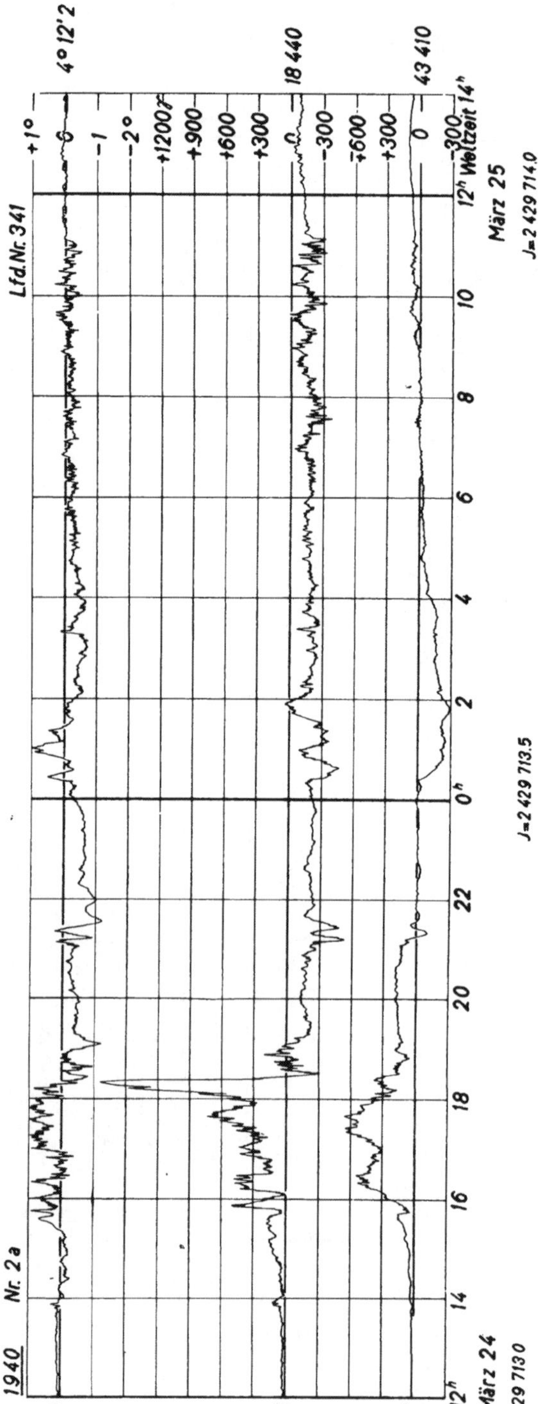

J=2 429 713.5

Die Nullinien entsprechen dem Durchschnitt der 10 Tage von März 14 bis 23

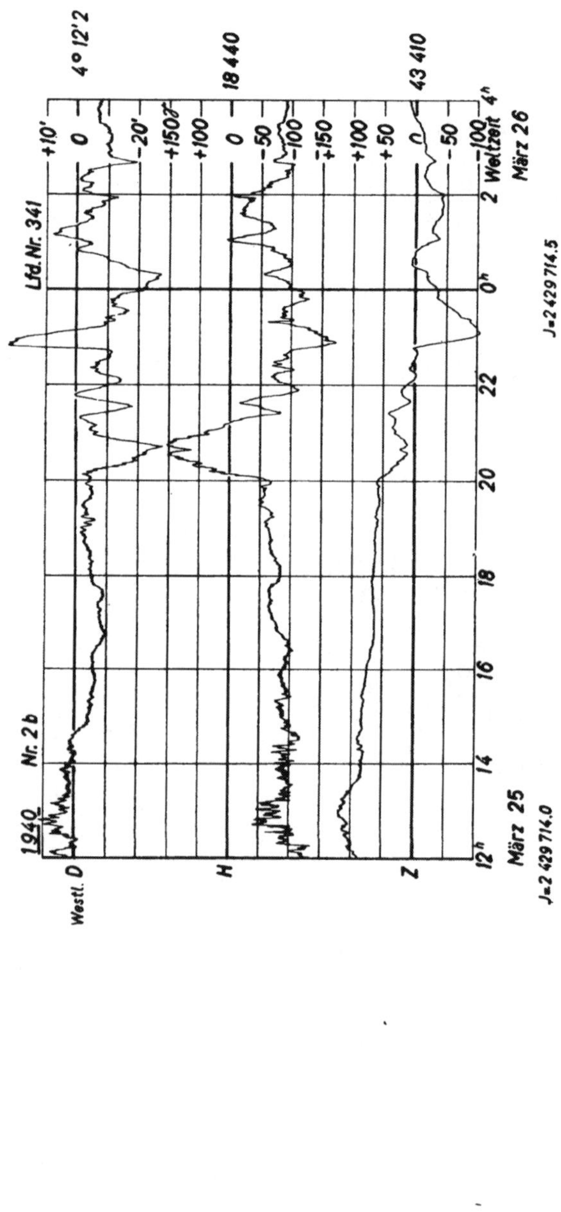

J=2 429 714.5

Die Nullinien entsprechen dem Durchschnitt der 10 Tage von März 14 bis 23

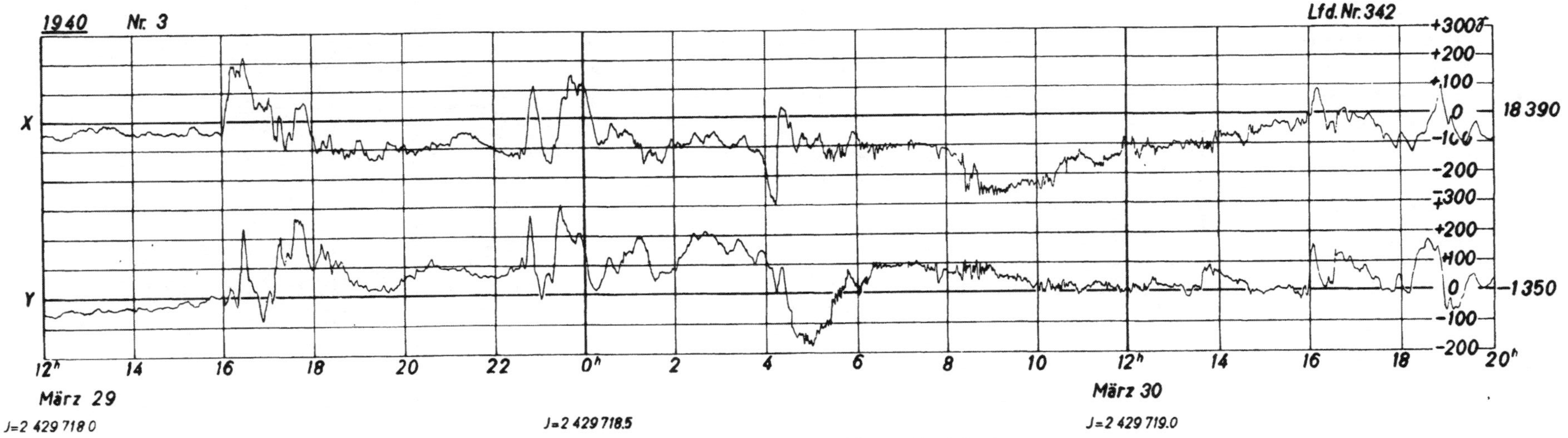

Die Nullinien entsprechen dem Durchschnitt der 10 Tage von März 14 bis 23

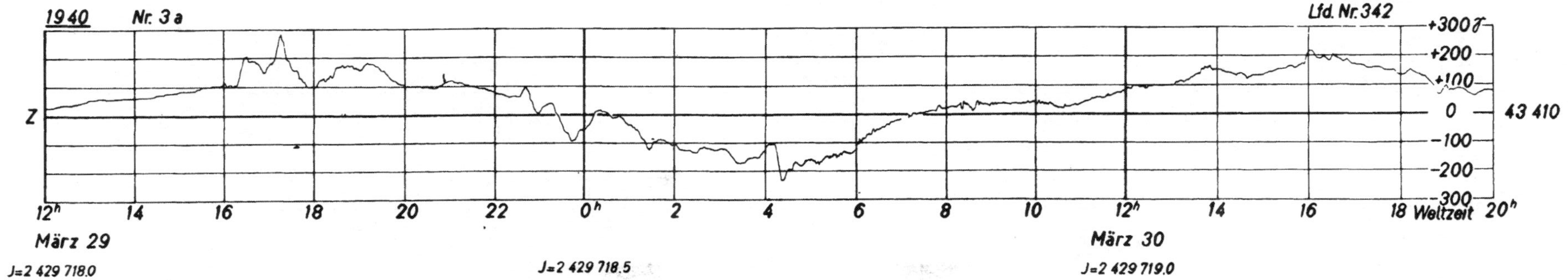

Die Nullinien entsprechen dem Durchschnitt der 10 Tage von März 14 bis 23

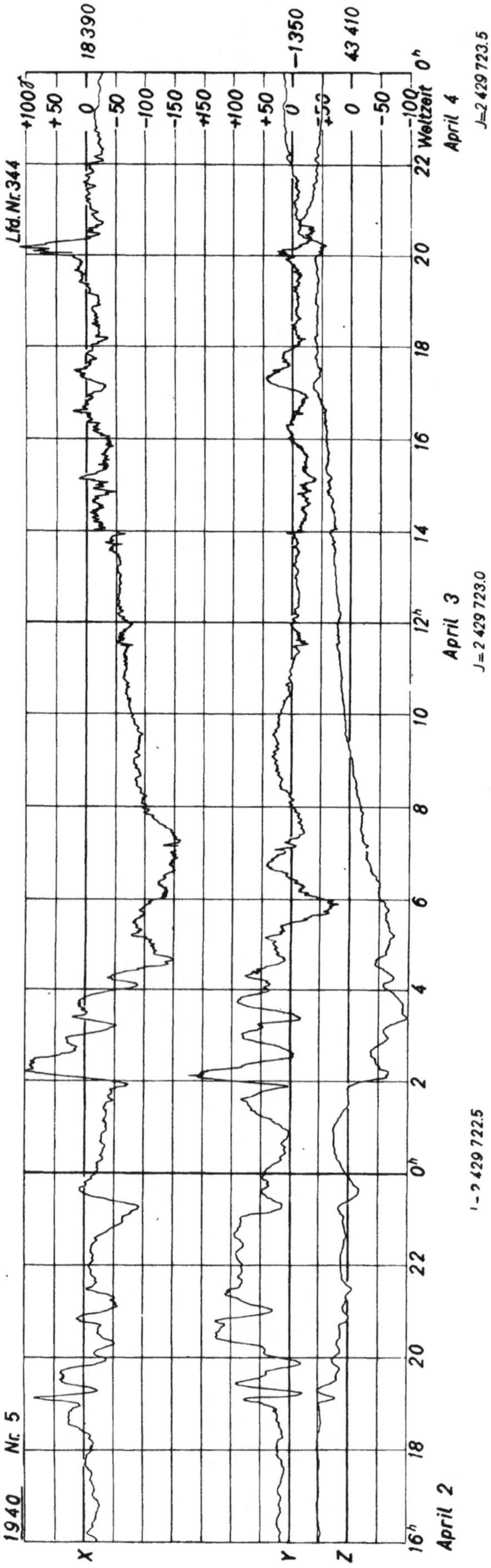

Die Nullinien entsprechen dem Durchschnitt der 10 Tage von März 14 bis 23

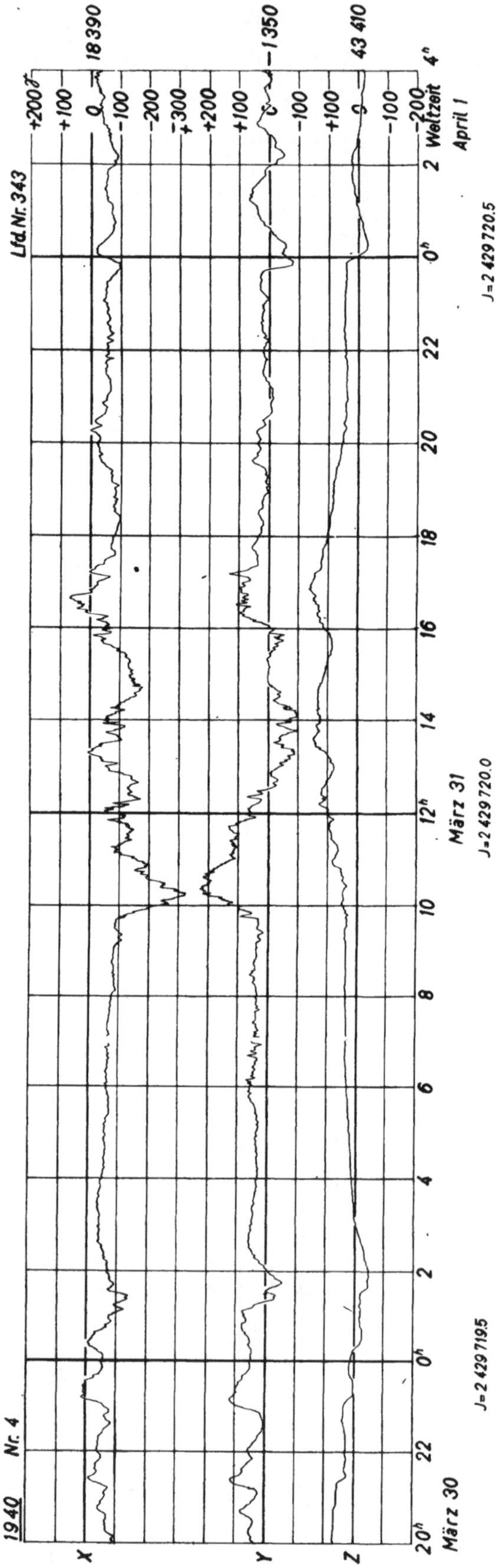

Die Nullinien entsprechen dem Durchschnitt der 10 Tage von März 14 bis 23

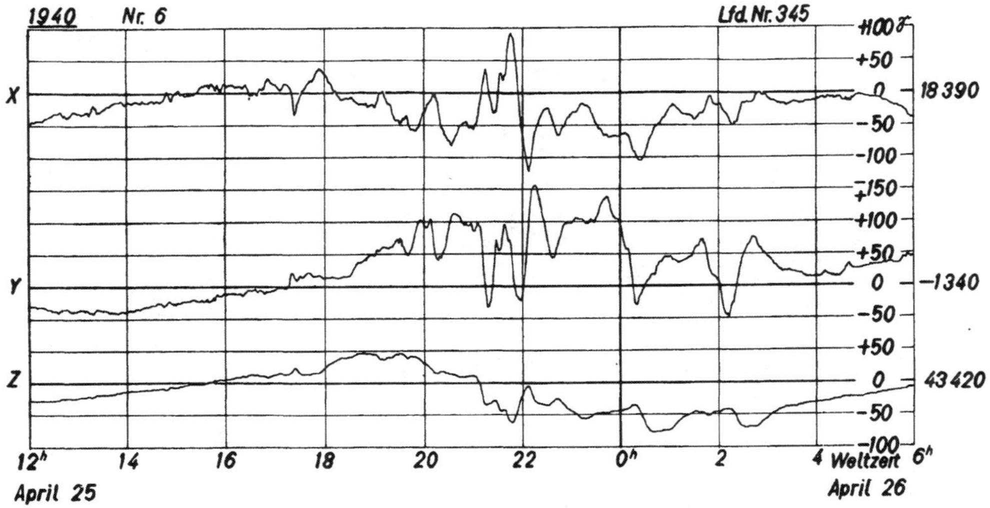

J=2 429 745.0

J=2 429 745.5

Die Nullinien entsprechen dem Durchschnitt der 10 Tage von April 15 bis 24

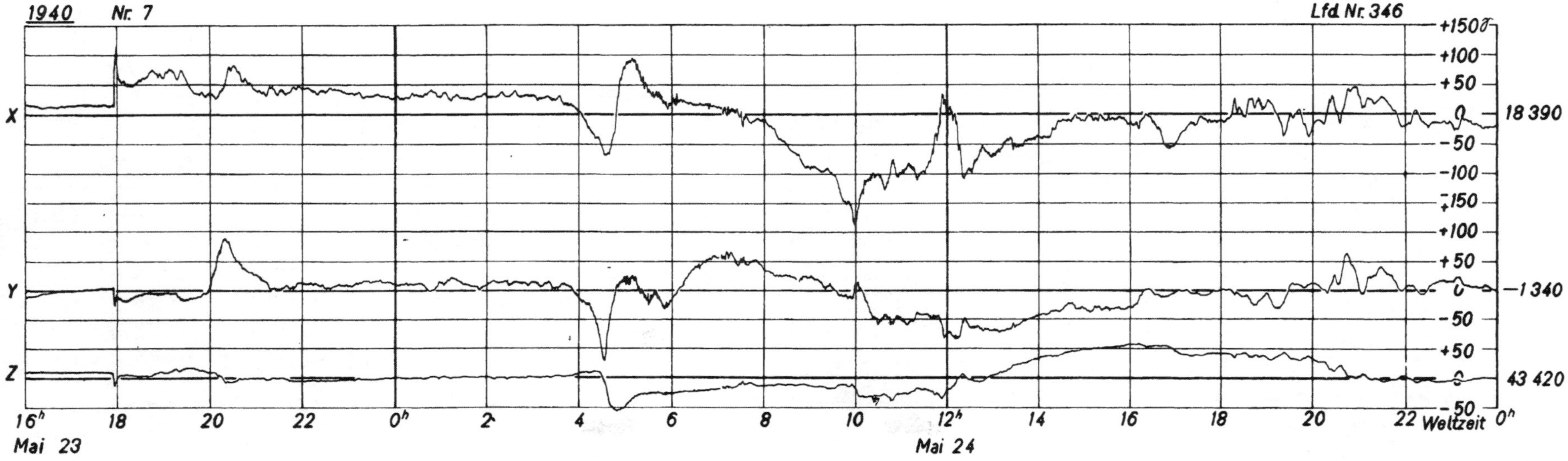

J=2 429 773.5

J=2 429 774.0

J=2 429 774 5

Die Nullinien entsprechen dem Durchschnitt der 10 Tage von Mai 14 bis 23

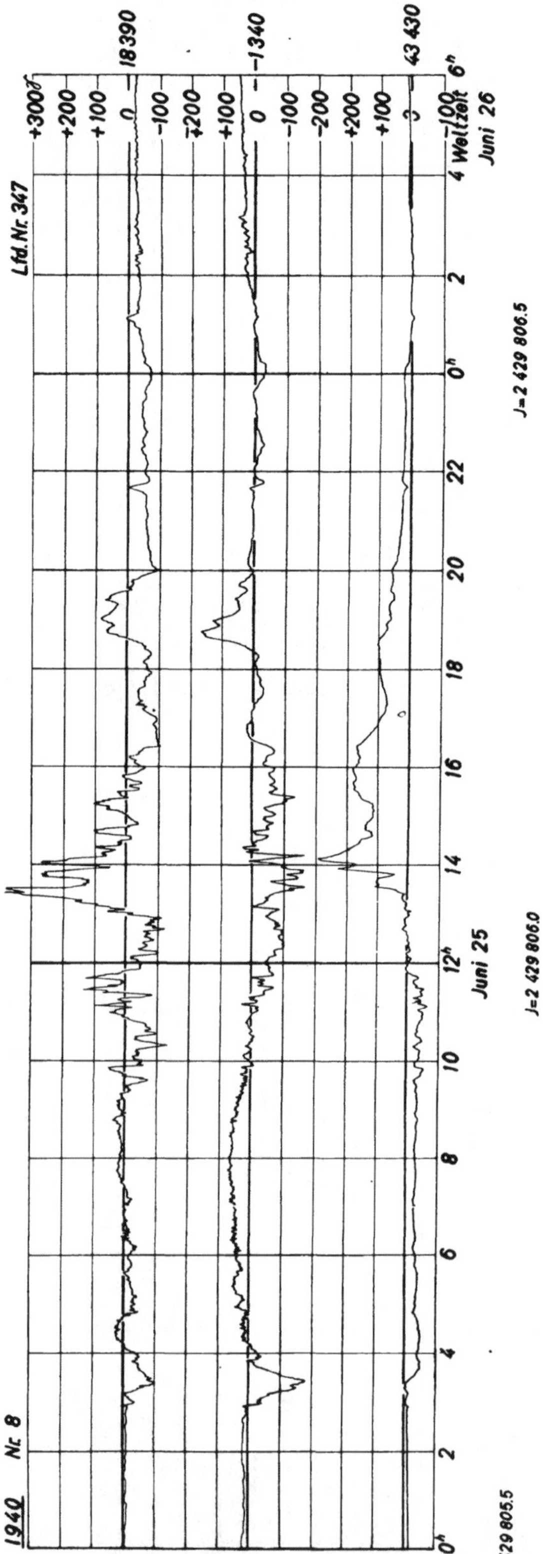

Die Nullinien entsprechen dem Durchschnitt der 10 Tage von Juni 15 bis 24

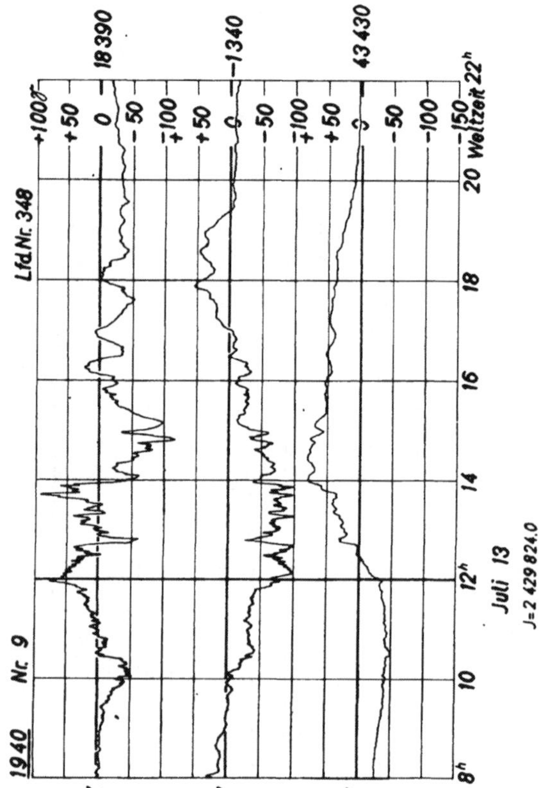

Die Nullinien entsprechen dem Durchschnitt der 10 Tage von Juli 3 bis 12

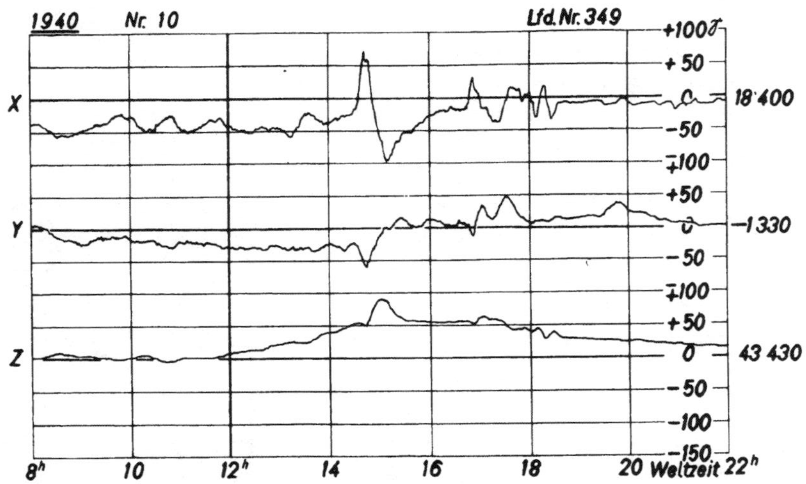

August 3

J = 2 429 845.0

Die Nullinien entsprechen dem Durchschnitt der 10 Tage von Juli 24 bis August 2

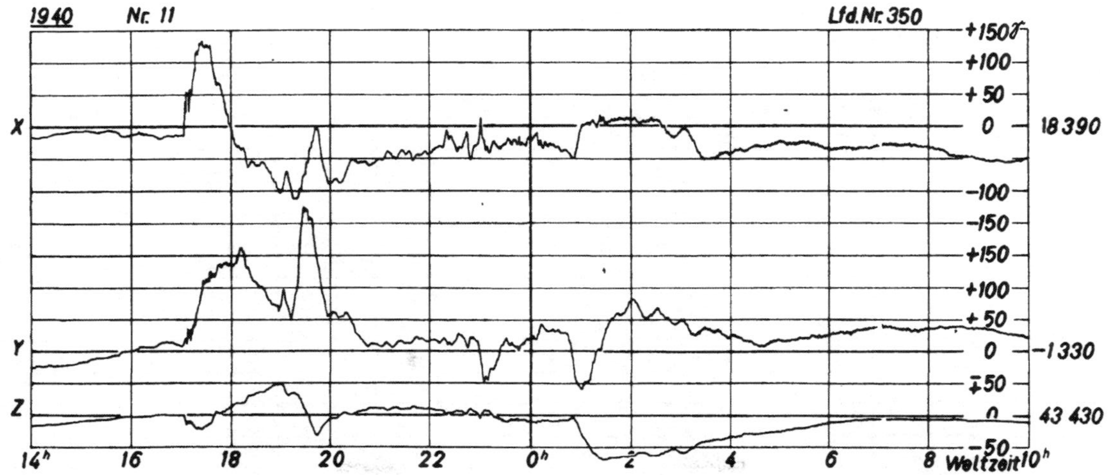

September 26 — September 27

J = 2 429 899.5

Die Nullinien entsprechen dem Durchschnitt der 10 Tage von September 16 bis 25

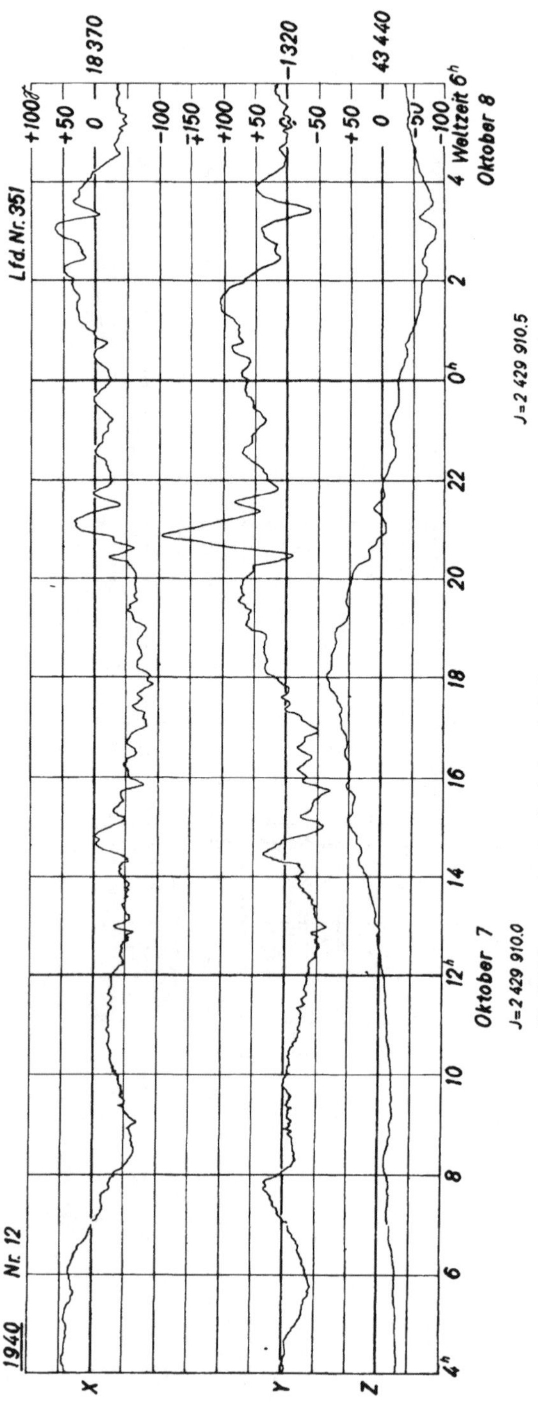

Die Nullinien entsprechen dem Durchschnitt der 10 Tage von September 27 bis Oktober 6

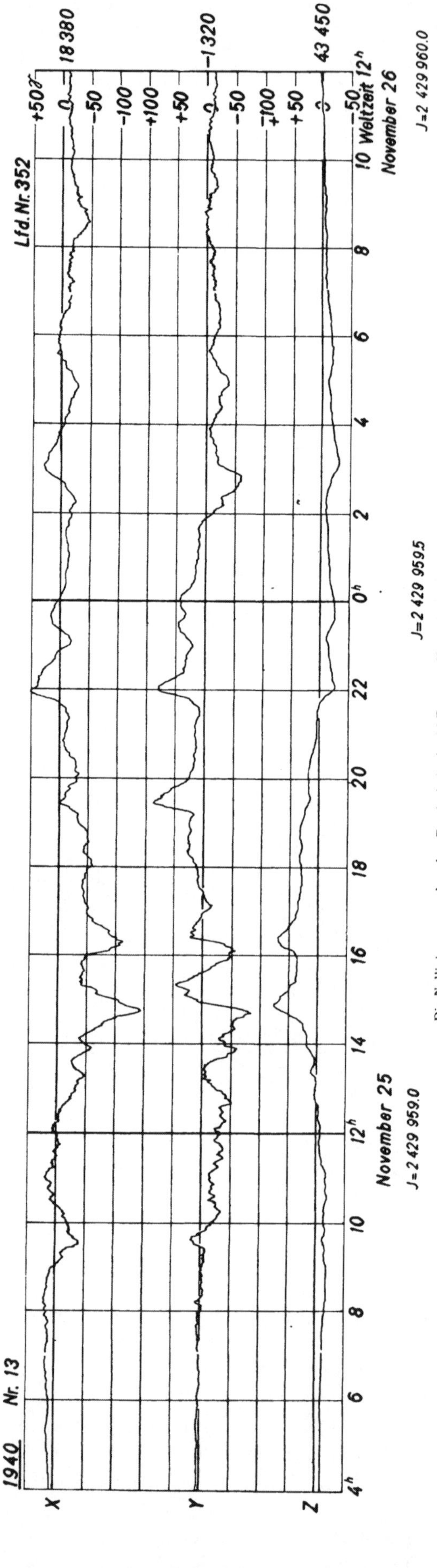

Die Nullinien entsprechen dem Durchschnitt der 10 Tage von November 15 bis 24

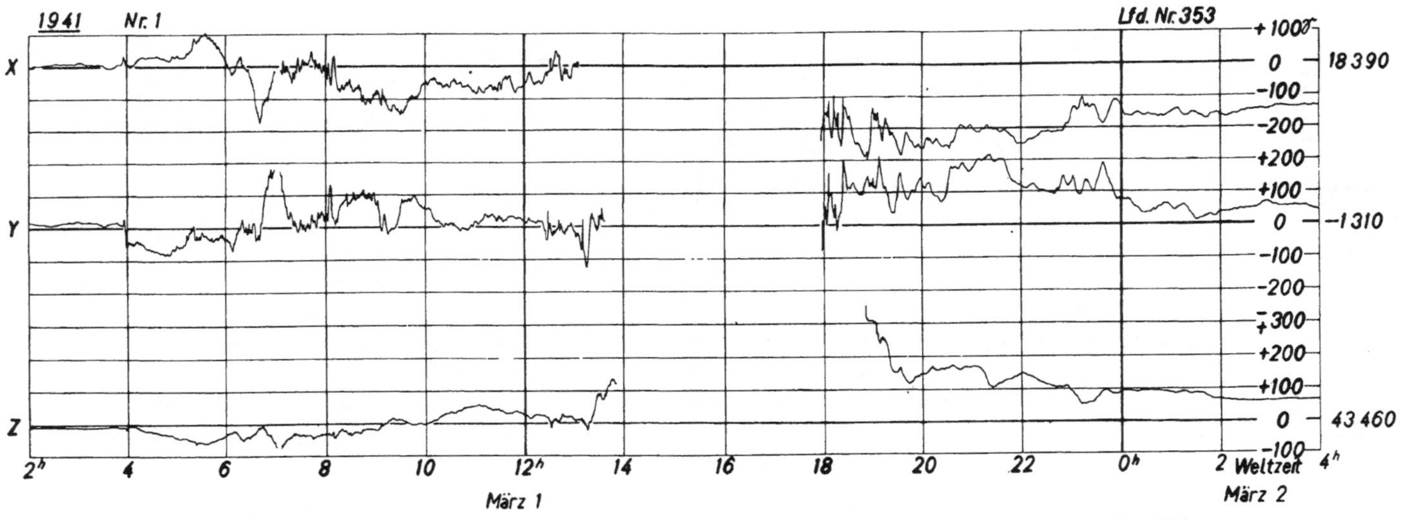

J=2 430 055.0

J=2 430 055.5

Die Nullinien entsprechen dem Durchschnitt der 10 Tage von Februar 19 bis 28

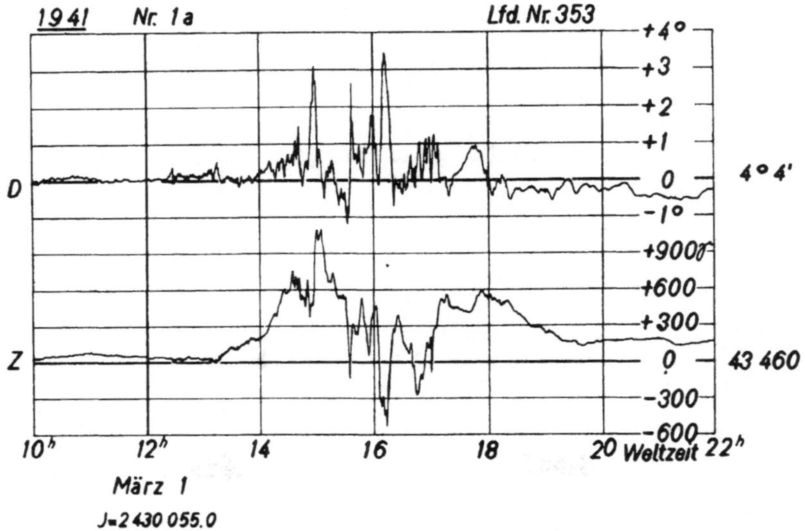

J=2 430 055.0

Die Nullinien entsprechen dem Durchschnitt der 10 Tage von Februar 19 bis 28

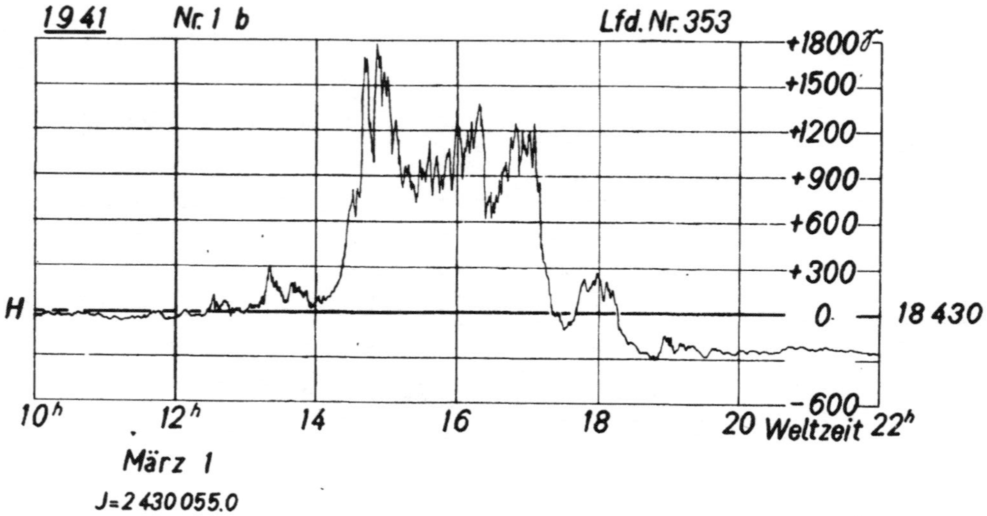

Die Nullinien entsprechen dem Durchschnitt der 10 Tage von Februar 19 bis 28

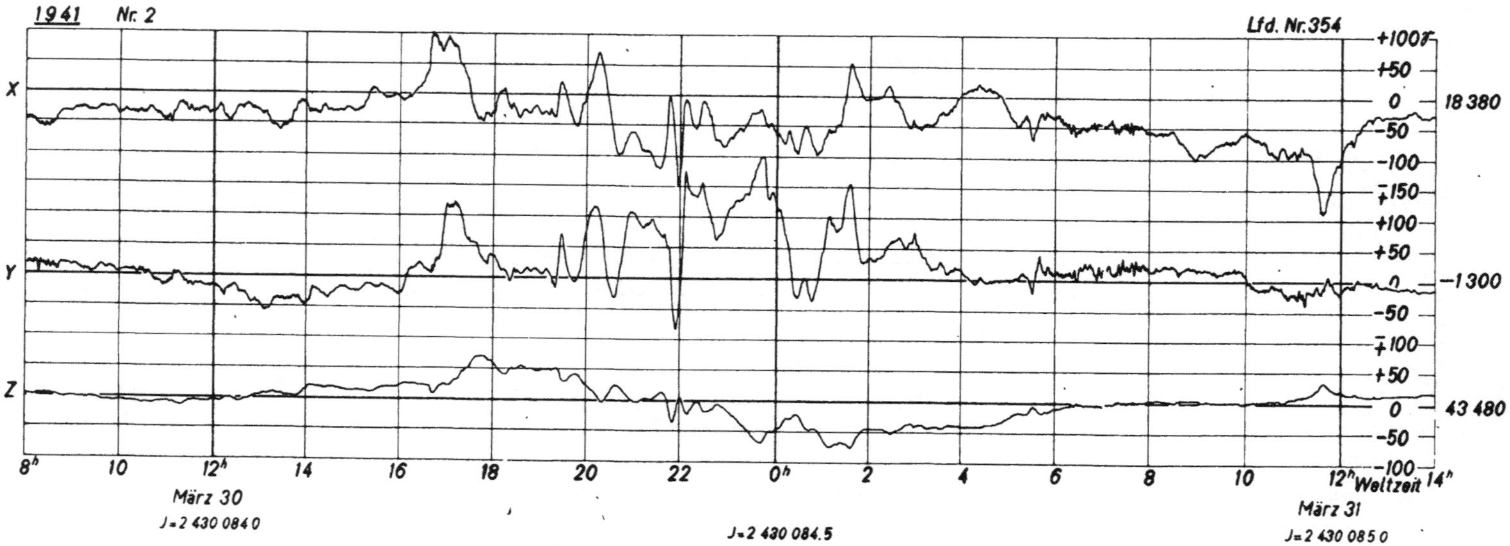

Die Nullinien entsprechen dem Durchschnitt der 10 Tage von März 20 bis 29

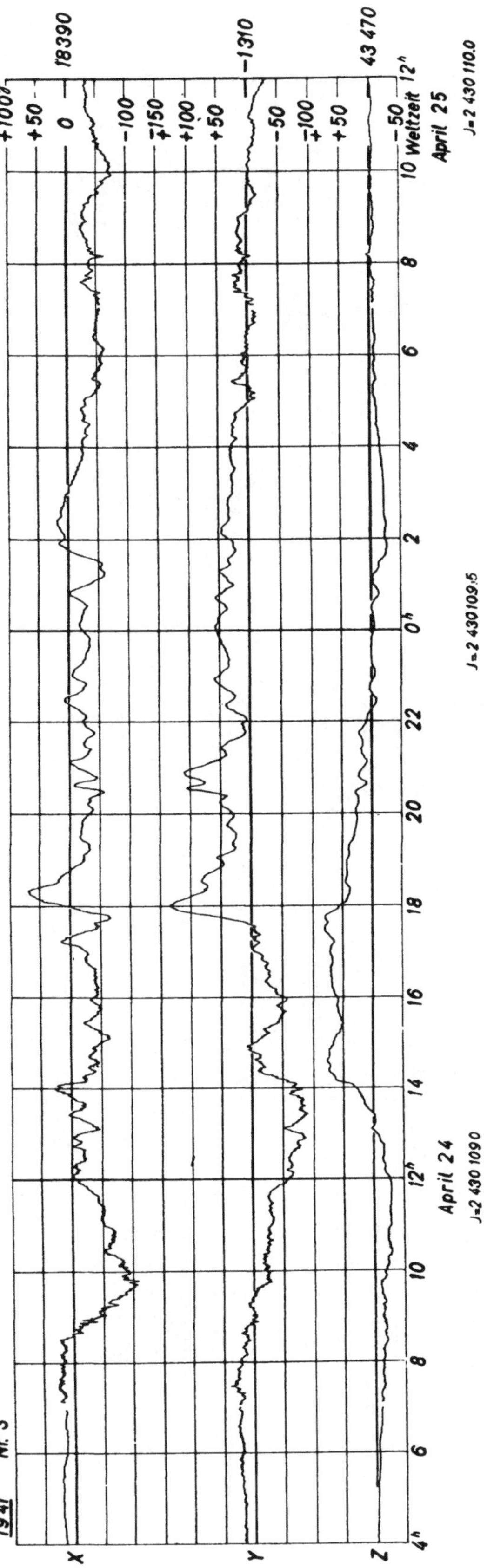

Die Nullinien entsprechen dem Durchschnitt der 10 Tage von April 14 bis 23

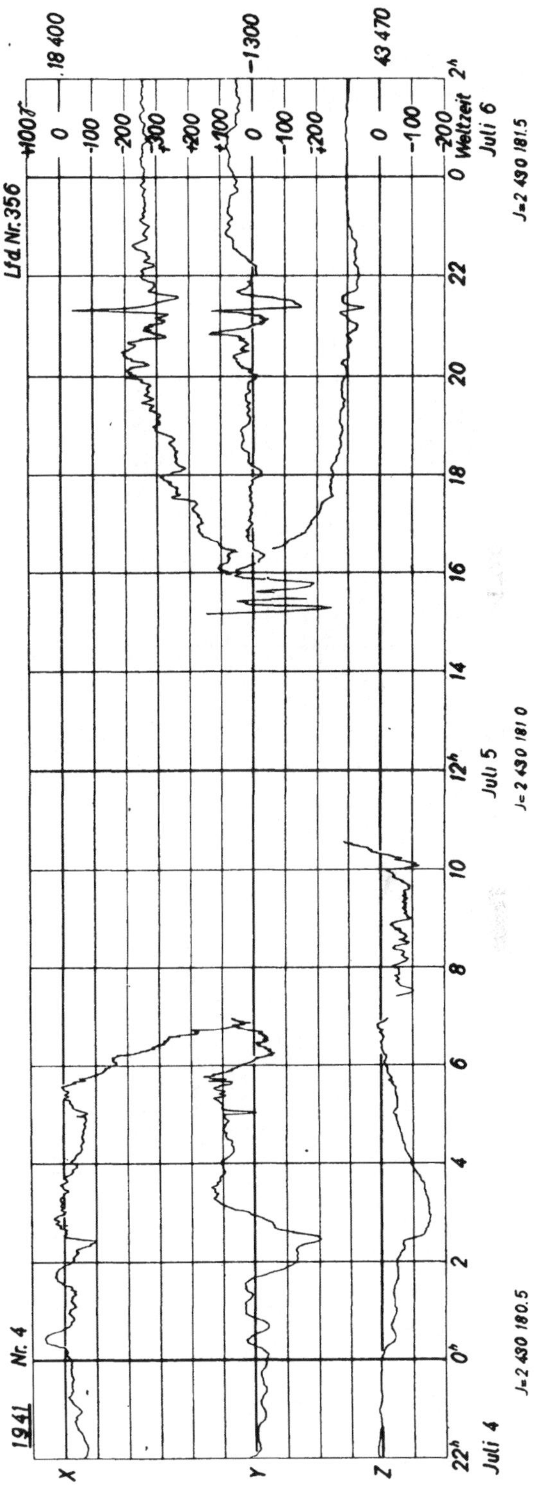

Die Nullinien entsprechen dem Durchschnitt der 10 Tage von Juni 25 bis Juli 4

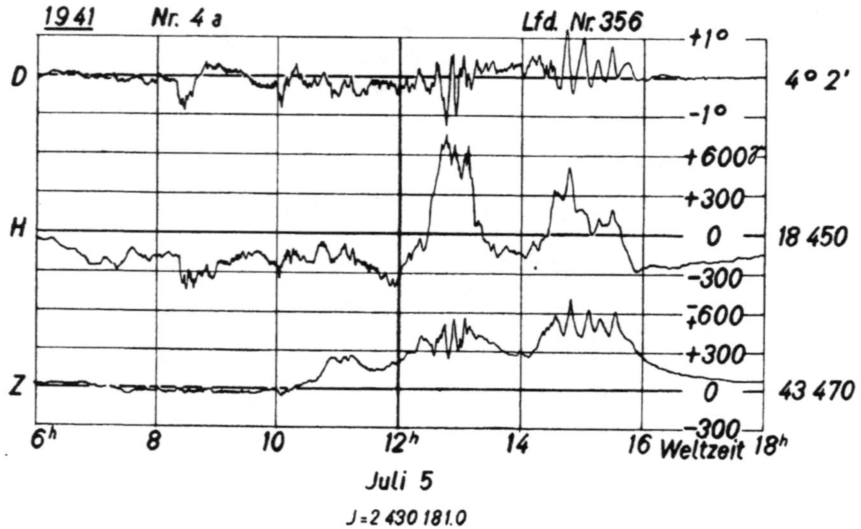

Die Nullinien entsprechen dem Durchschnitt der 10 Tage von Juni 25 bis Juli 4

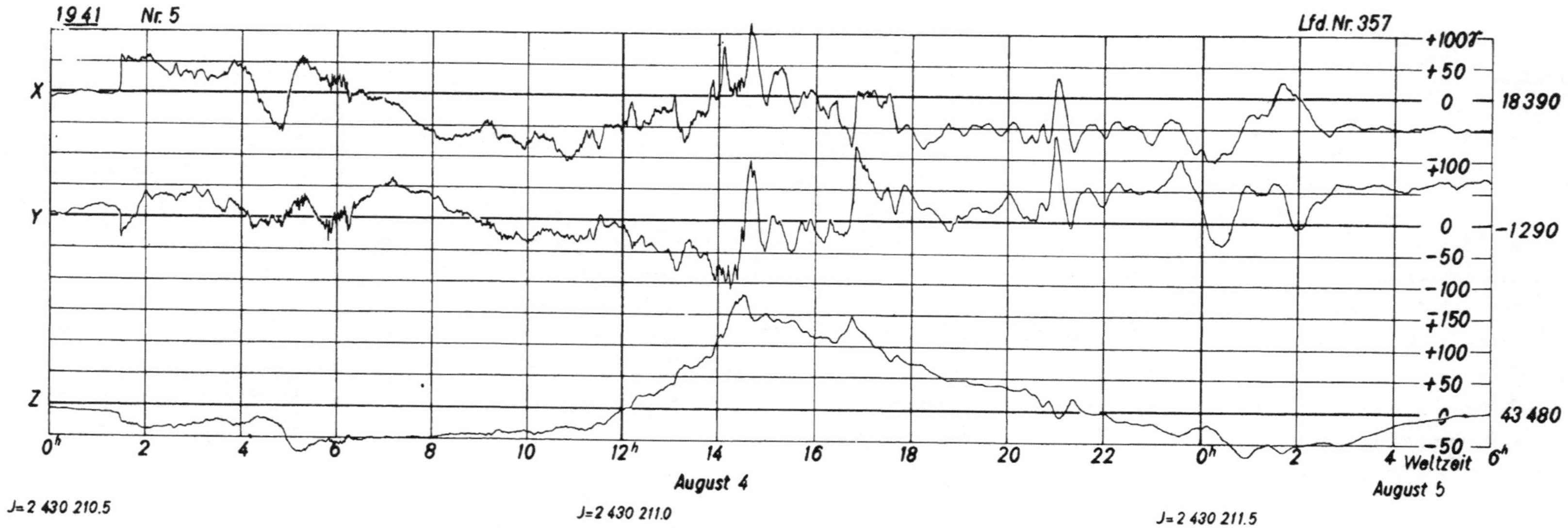

Die Nullinien entsprechen dem Durchschnitt der 10 Tage von Juli 25 bis August 3

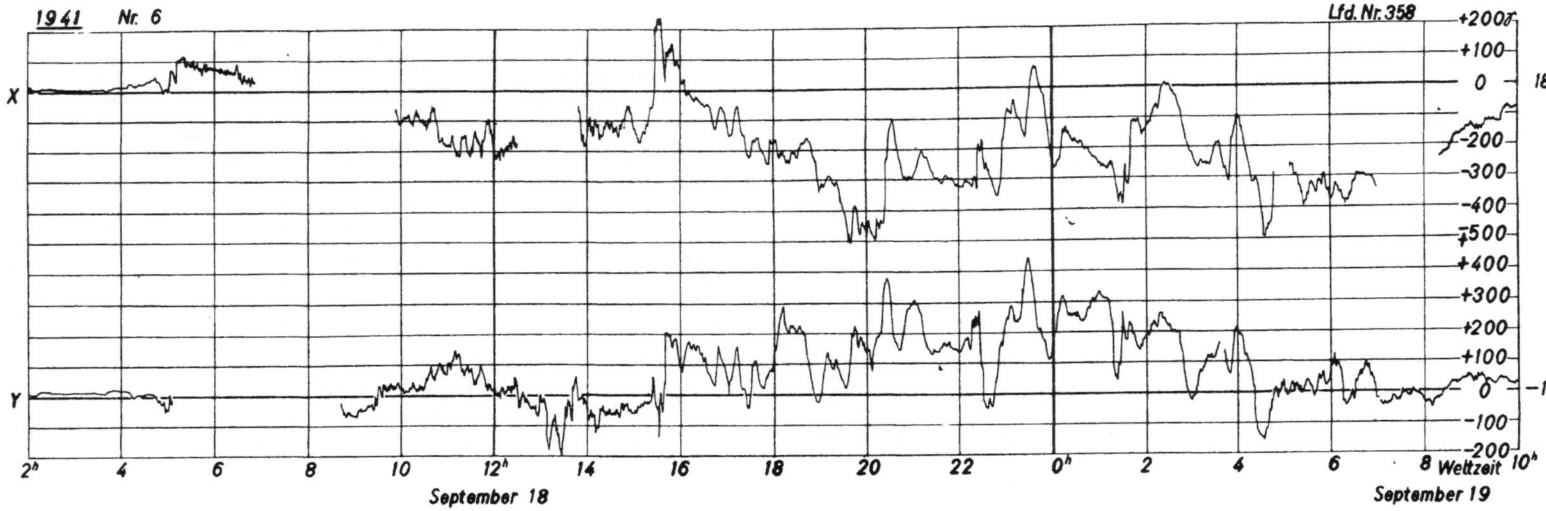

September 18 September 19

J=2 430 256.0 J=2 430 256.5

Die Nullinien entsprechen dem Durchschnitt der 10 Tage von September 8 bis 17

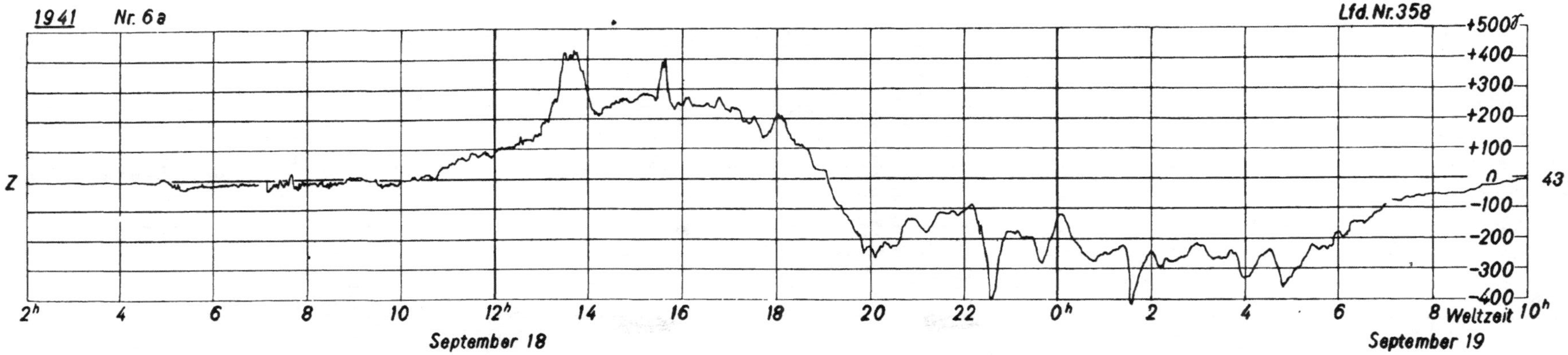

September 18 September 19

J=2 430 256.0 J=2 430 256.5

Die Nullinien entsprechen dem Durchschnitt der 10 Tage von September 8 bis 17

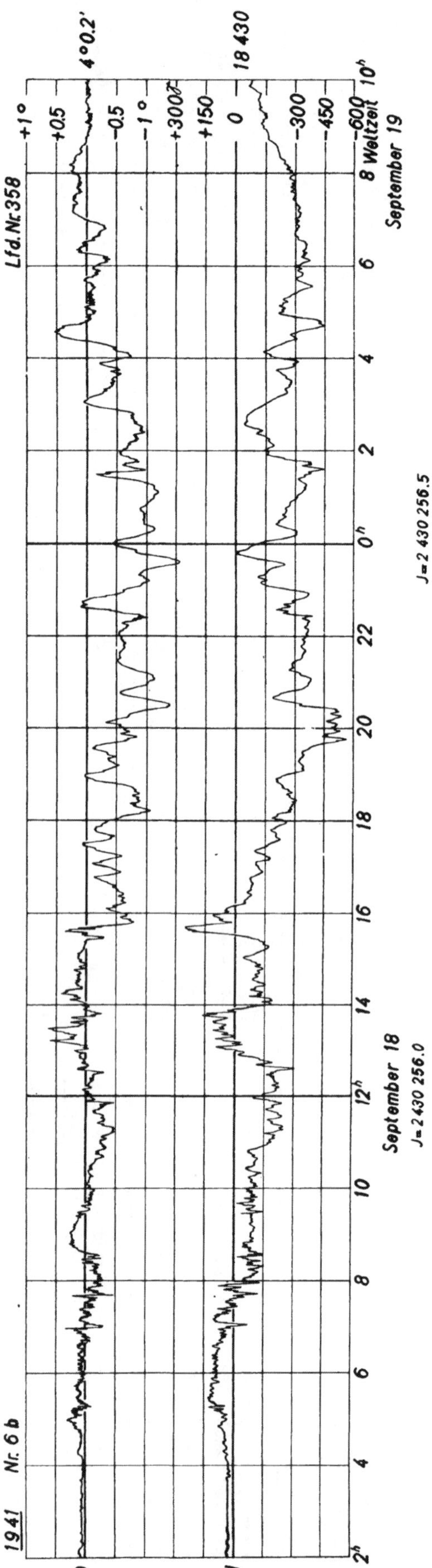

J=2 430 256.5

Die Nullinien entsprechen dem Durchschnitt der 10 Tage von September 8 bis 17

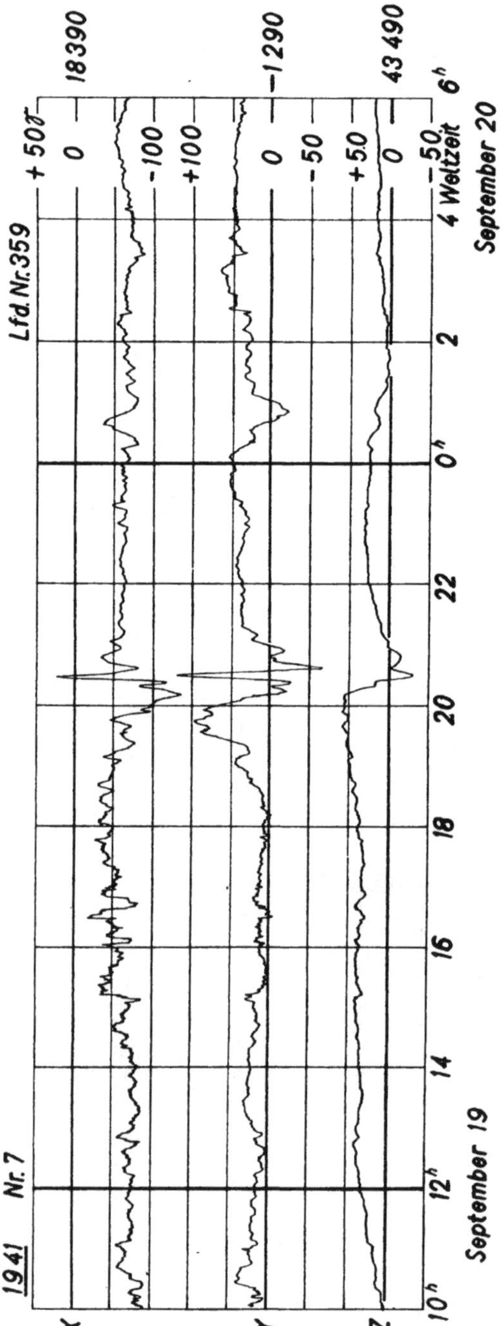

J=2 430 257.5

Die Nullinien entsprechen dem Durchschnitt der 10 Tage von September 8 bis 17

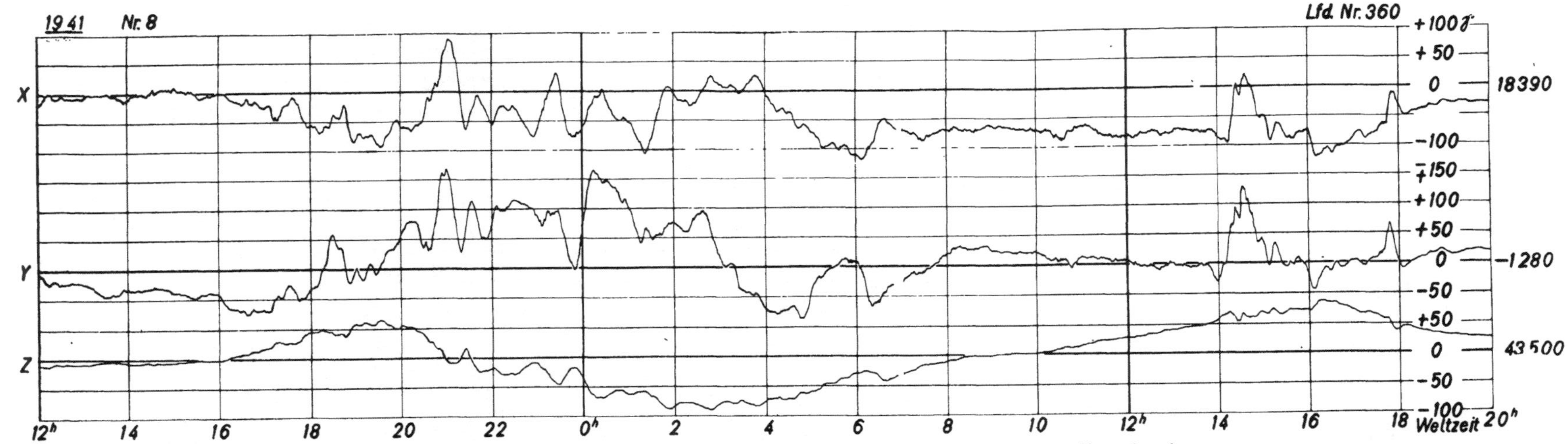

J=2 430 299.0 J=2 430 299.5 J=2 430 300.0

Die Nullinien entsprechen dem Durchschnitt der 10 Tage von Oktober 21 bis 30

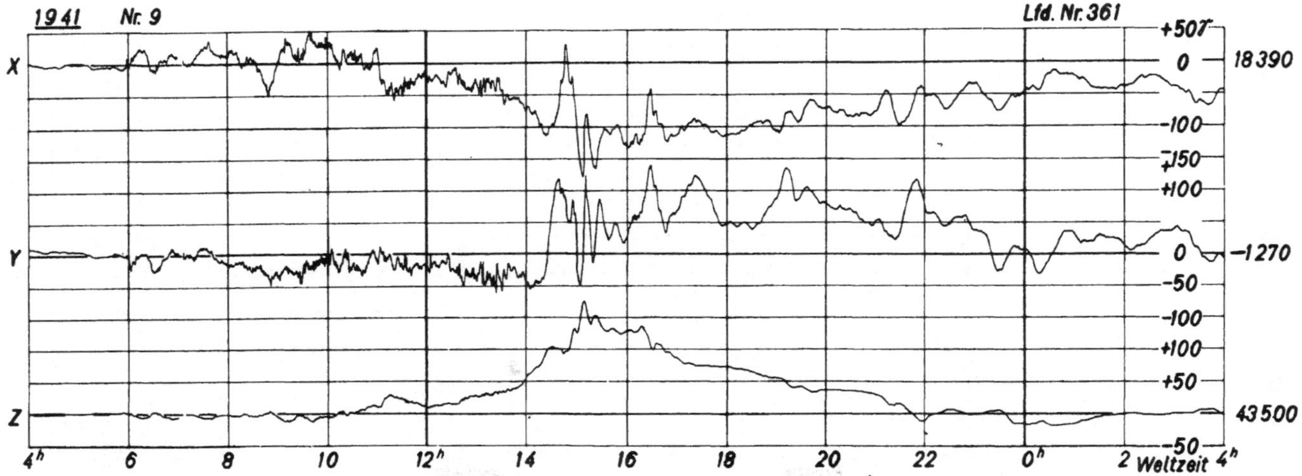

J=2 430 330.0 J=2 430 330.5

Die Nullinien entsprechen dem Durchschnitt der 10 Tage von November 21 bis 30

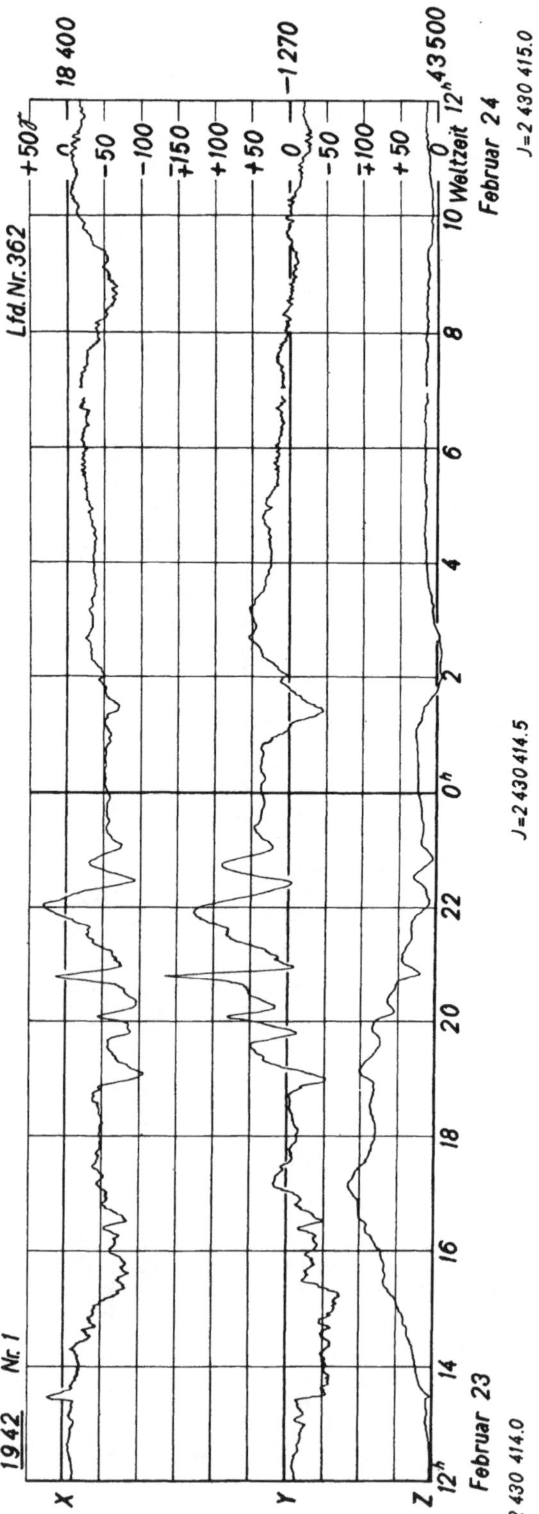

J=2 430 414.5

Die Nullinien entsprechen dem Durchschnitt der 10 Tage von Februar 13 bis 22

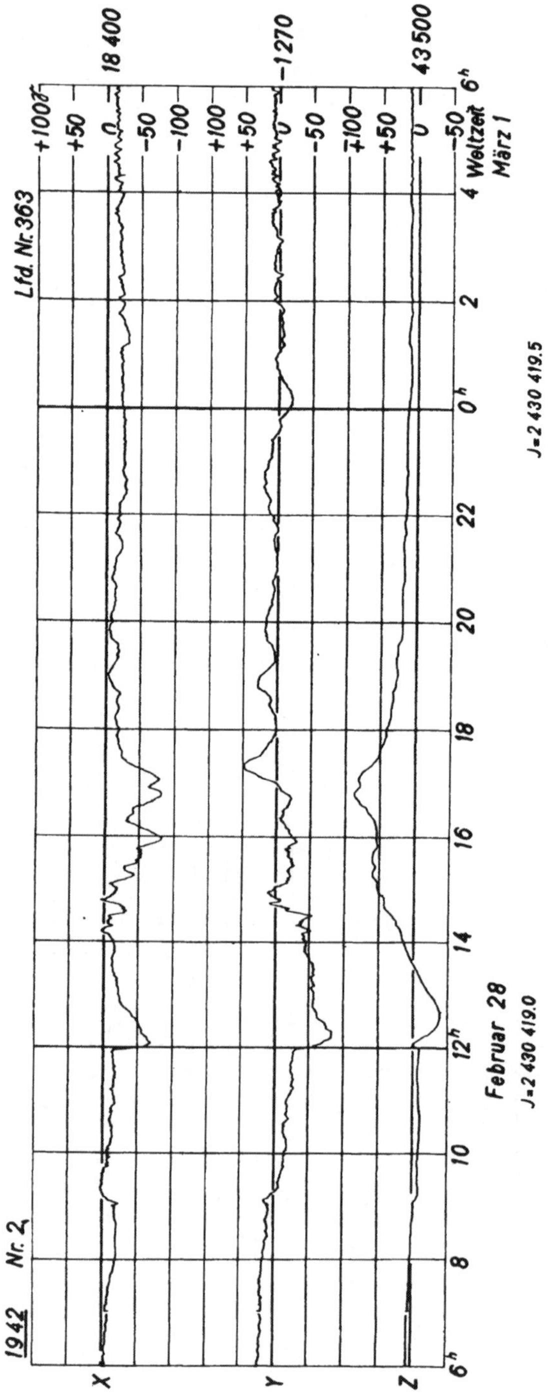

J=2 430 419.5

Die Nullinien entsprechen dem Durchschnitt der 10 Tage von November 13 bis 22

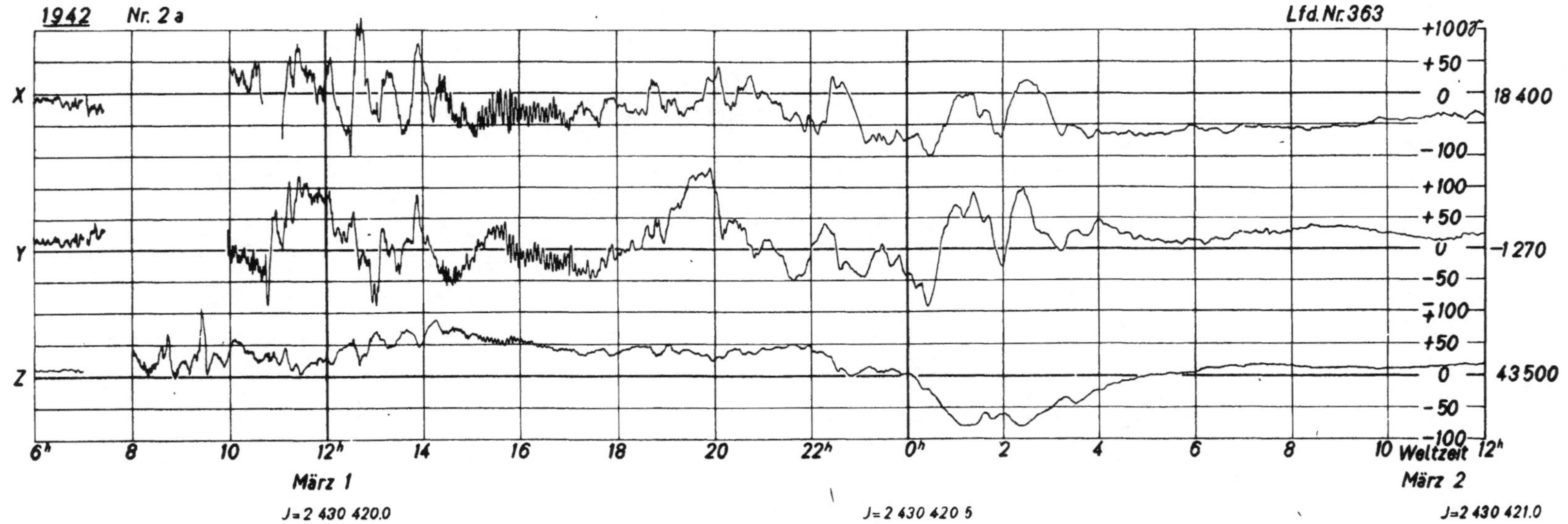

Die Nullinien entsprechen dem Durchschnitt der 10 Tage von Februar 13 bis 22

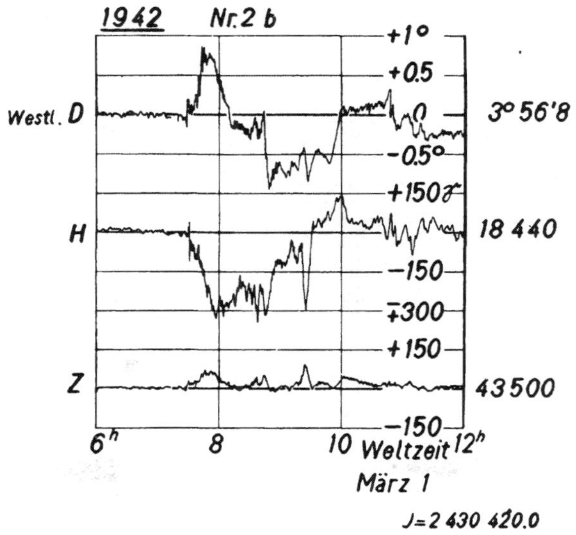

Die Nullinien entsprechen dem Durchschnitt der 10 Tage von Februar 13 bis 22

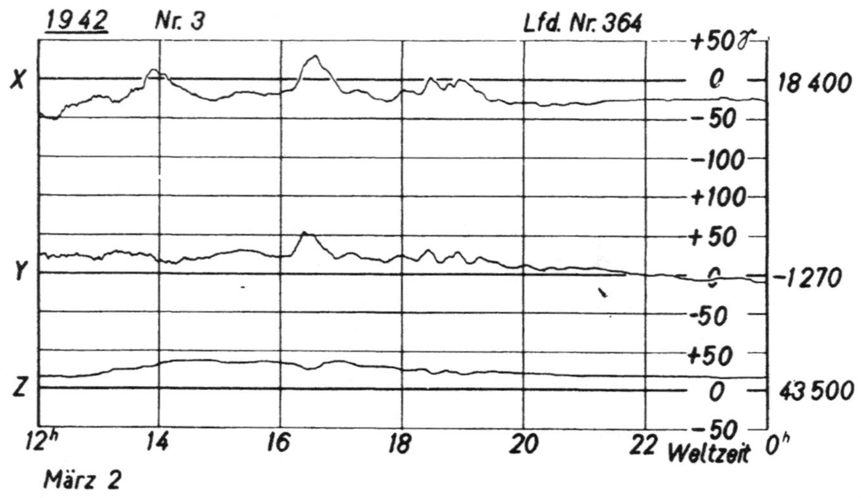

J=2 430 421.0

J=2 430 421.5

Die Nullinien entsprechen dem Durchschnitt der 10 Tage von Februar 13 bis 22

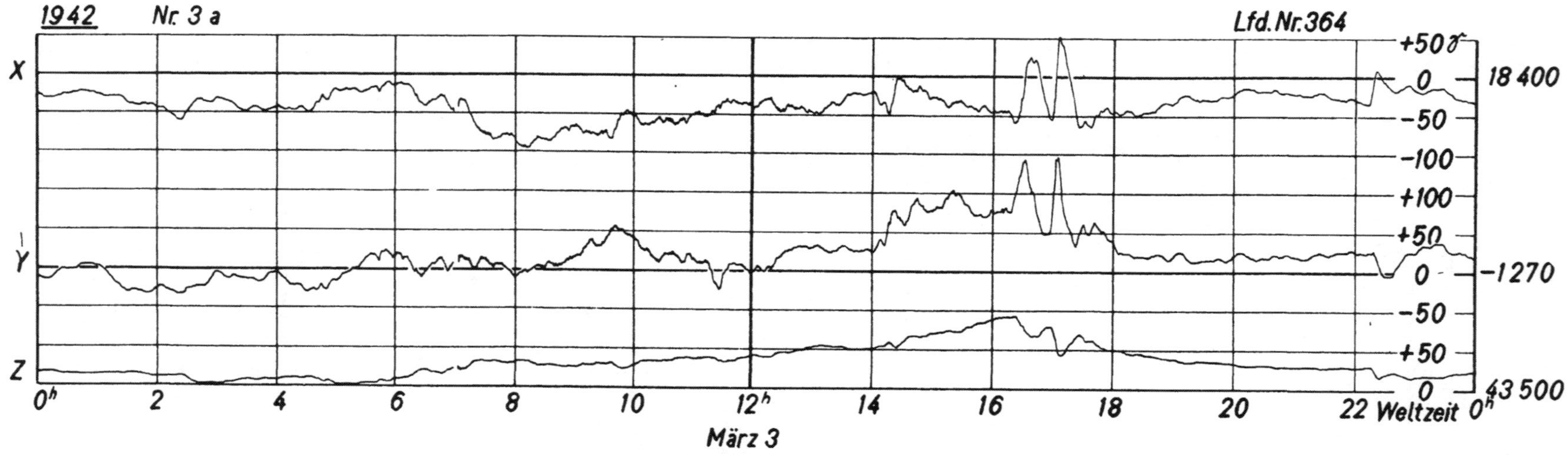

J=2 430 421.5

J=2 430 422.0

J=2 430 422.5

Die Nullinien entsprechen dem Durchschnitt der 10 Tage von Februar 13 bis 22

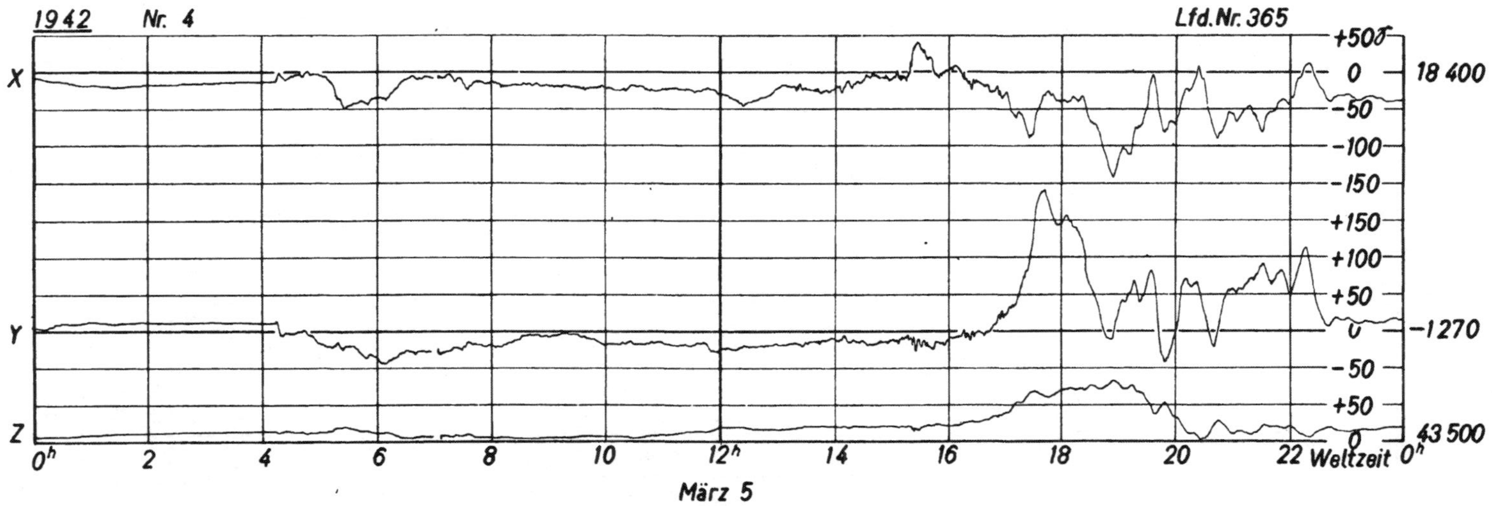

März 5

J=2 430 423.5 J=2 430 424.0 J=2 430 424.5

Die Nullinien entsprechen dem Durchschnitt der 10 Tage von Februar 13 bis 22

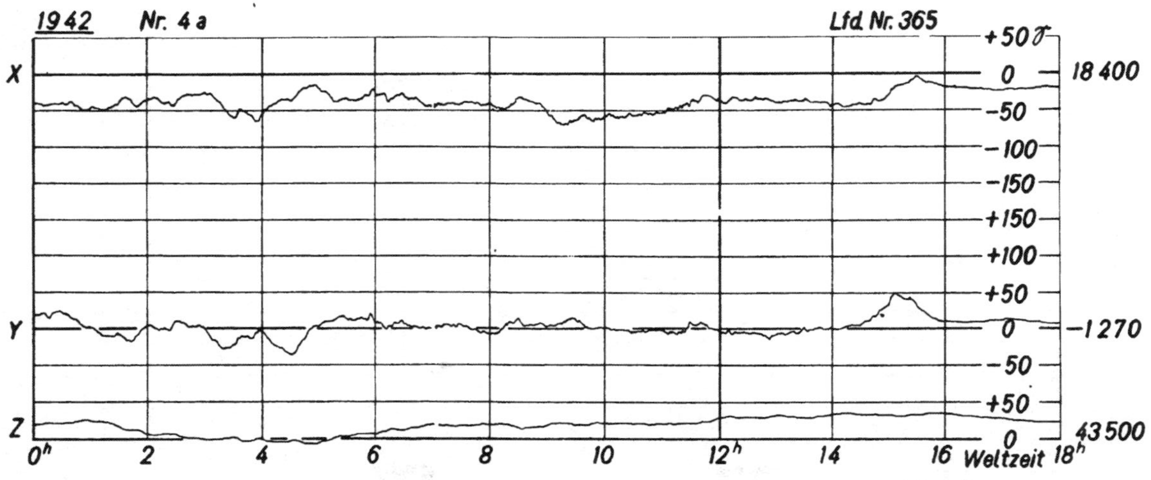

März 6

J=2 430 424.5 J=2 430 425.0

Die Nullinien entsprechen dem Durchschnitt der 10 Tage von Februar 13 bis 22

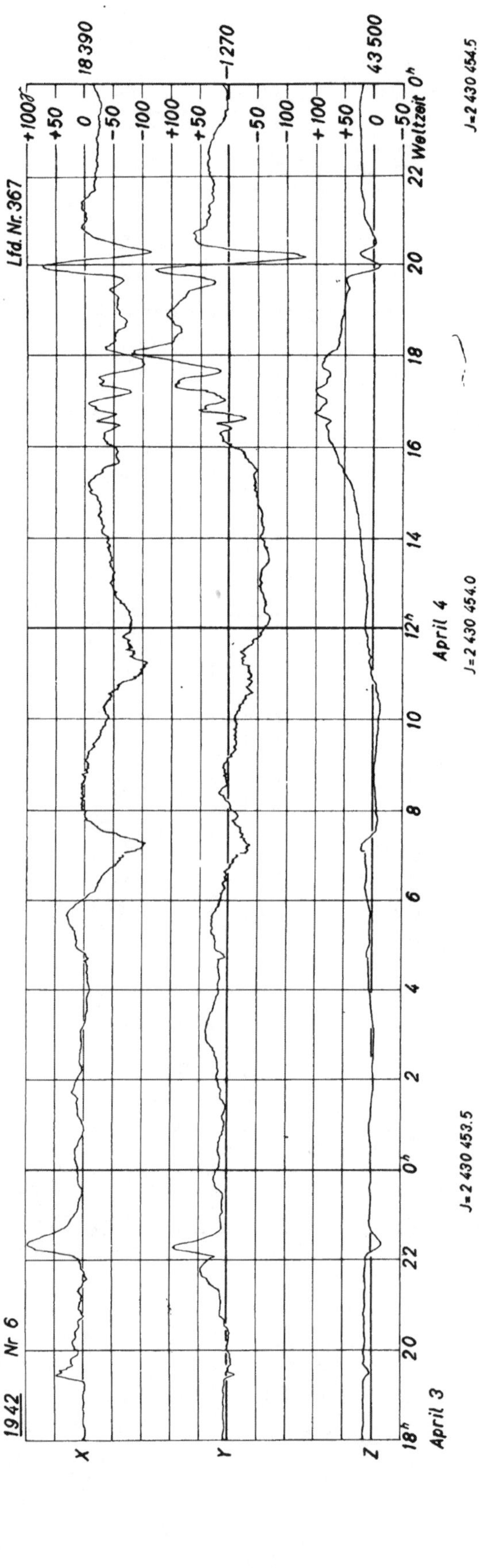

Die Nullinien entsprechen dem Durchschnitt der 10 Tage von März 24 bis April 2

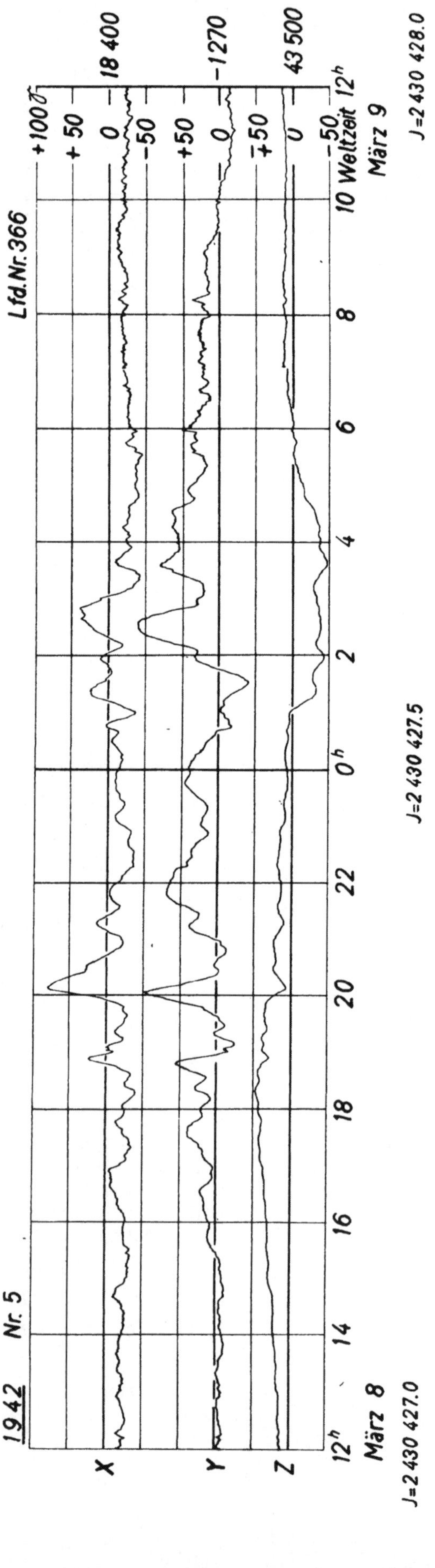

Die Nullinien entsprechen dem Durchschnitt der 10 Tage von Februar 13 bis 22

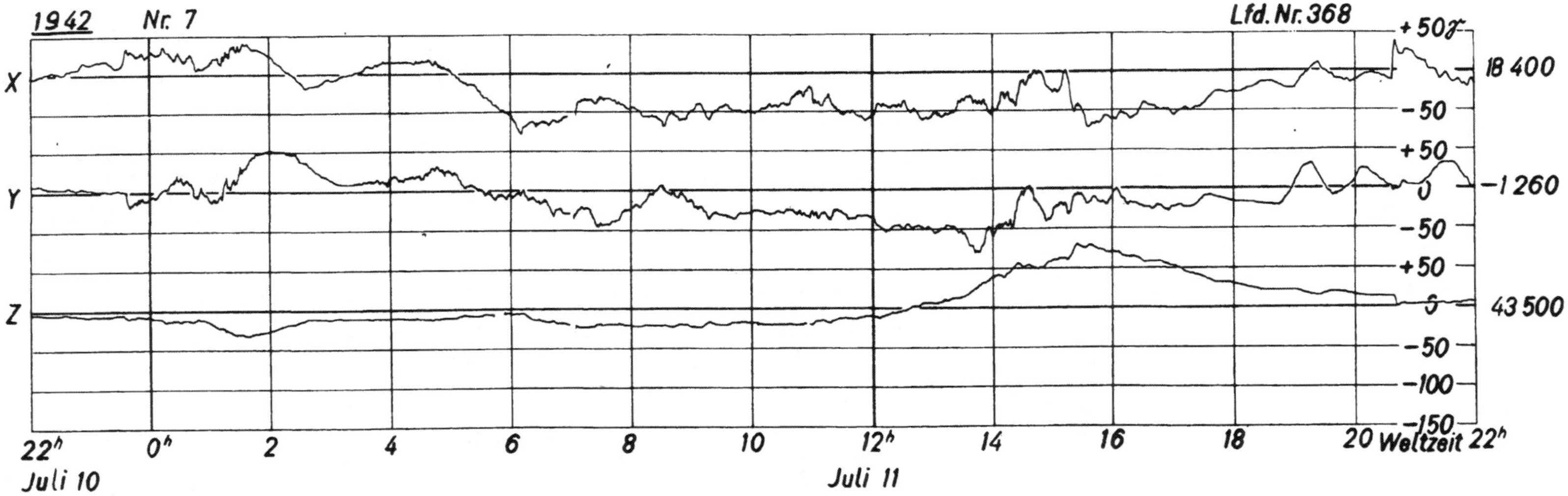

J=2 430 551.5

J=2 430 552.0

Die Nullinien entsprechen dem Durchschnitt der 10 Tage von Juni 30 bis Juli 9

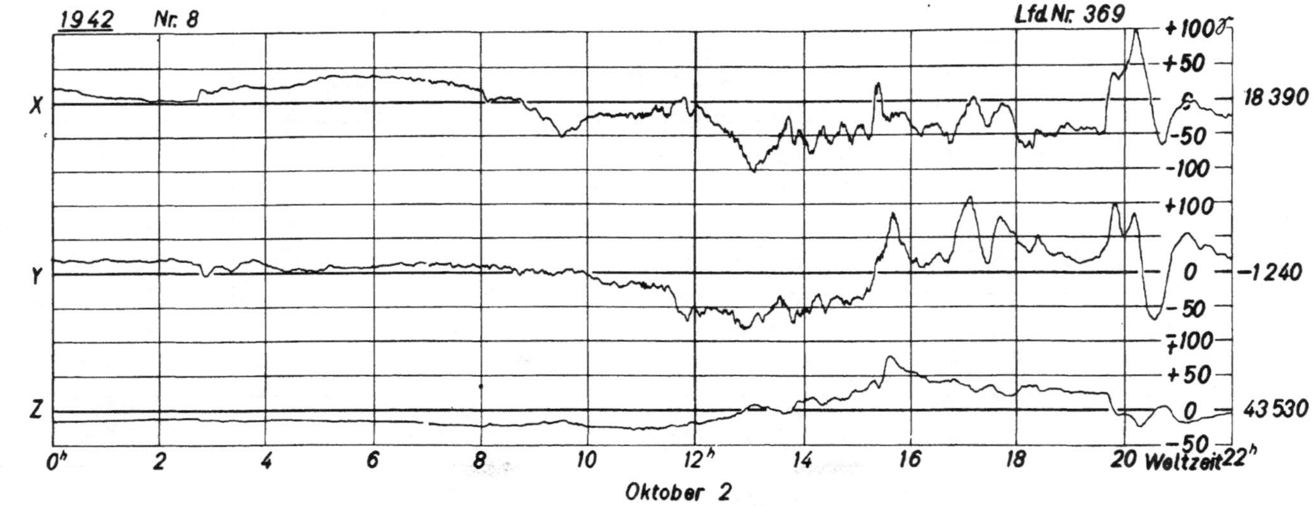

J=2 430 634.5

J=2 430 635.0

Die Nullinien entsprechen dem Durchschnitt der 10 Tage von September 22 bis Oktober 1

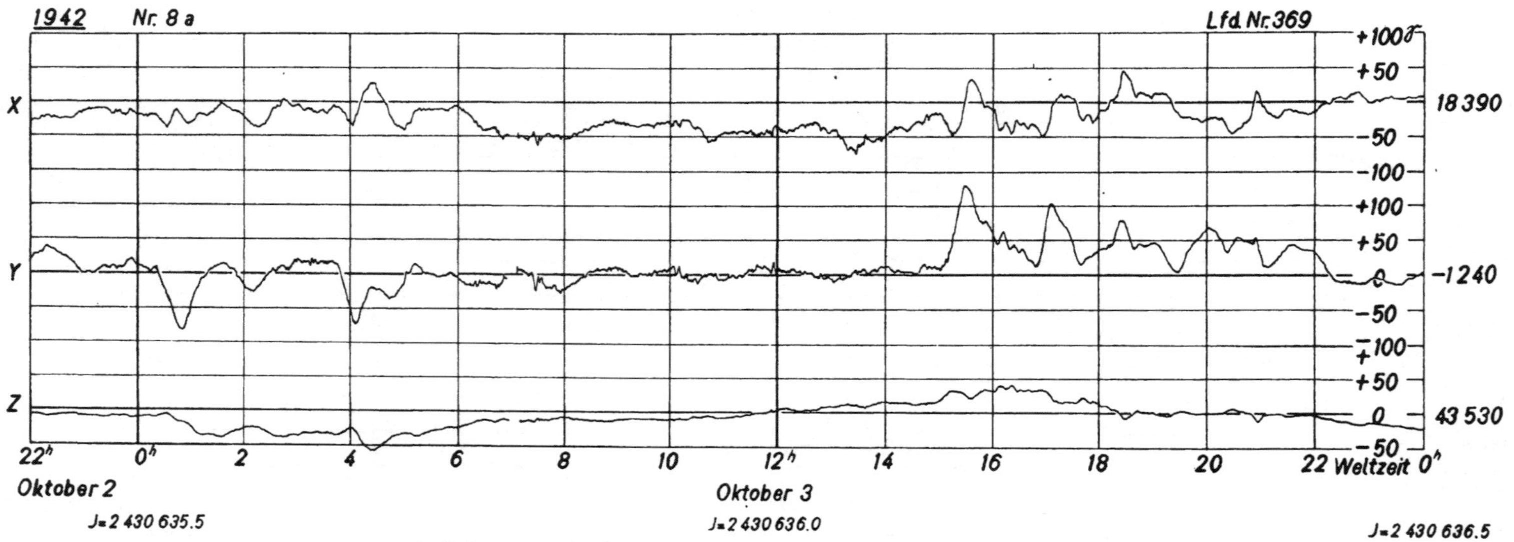

Die Nullinien entsprechen dem Durchschnitt der 10 Tage von September 22 bis Oktober 1

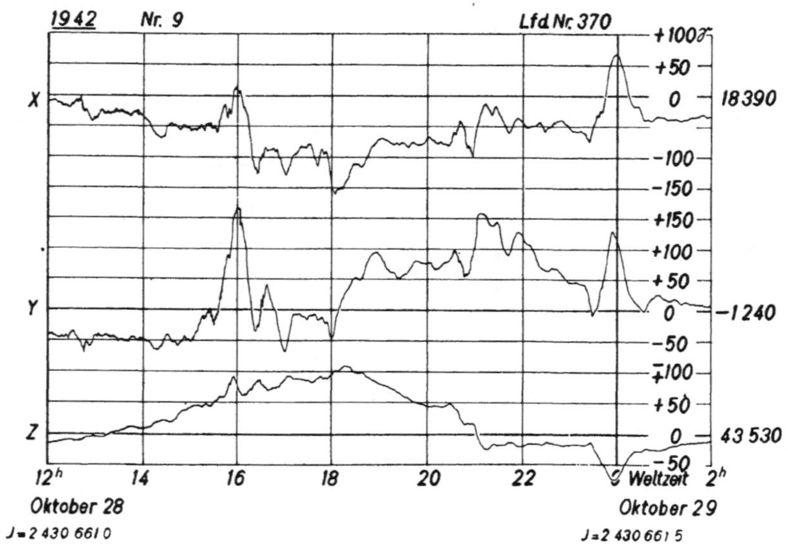

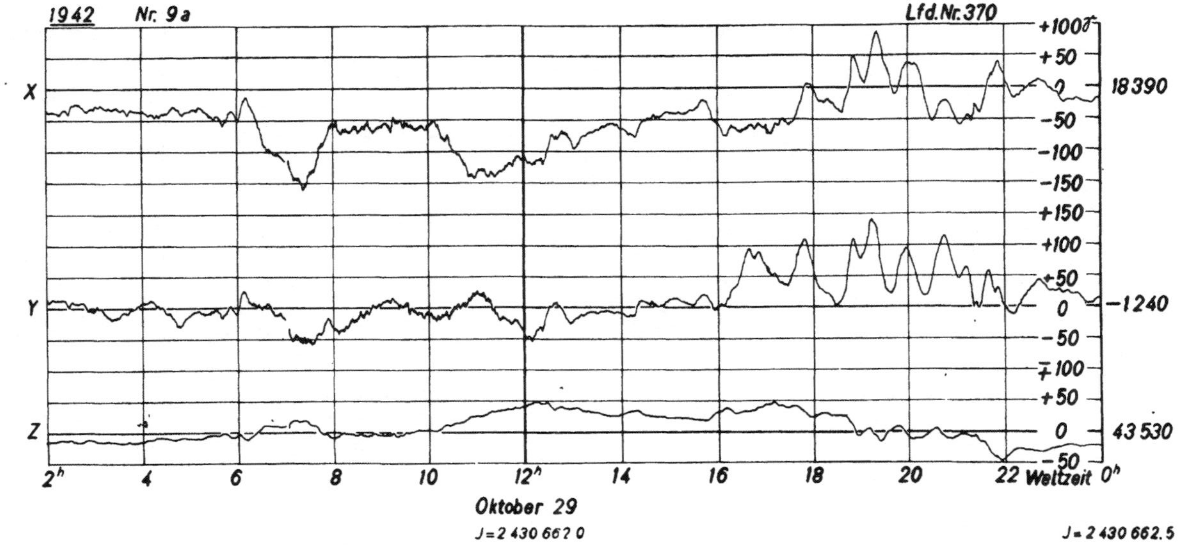

Die Nullinien entsprechen dem Durchschnitt der 10 Tage von Oktober 18 bis 27

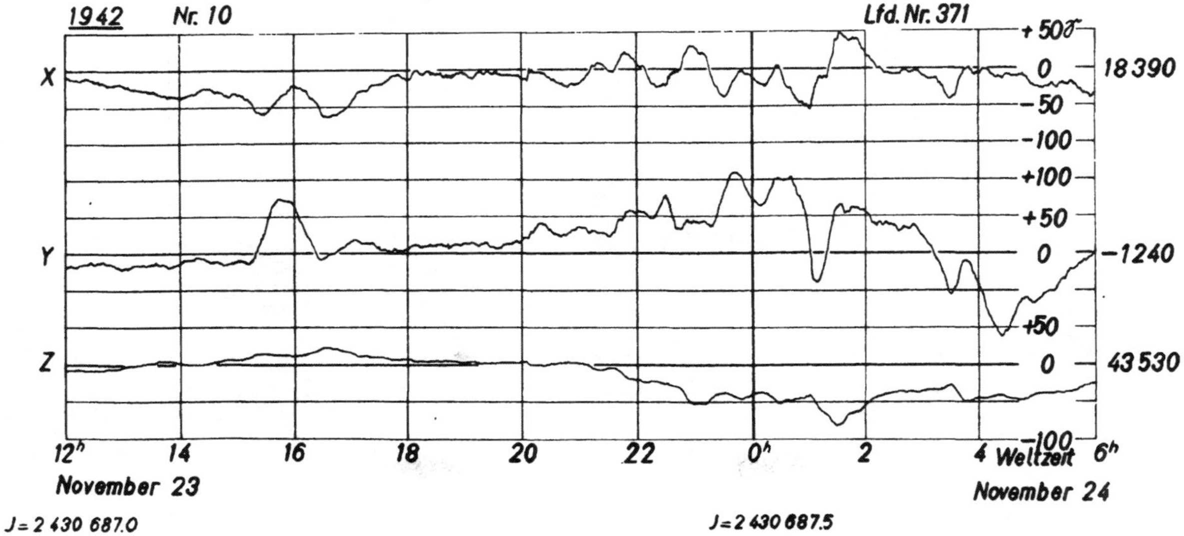

Die Nullinien entsprechen dem Durchschnitt der 10 Tage von November 13 bis 22

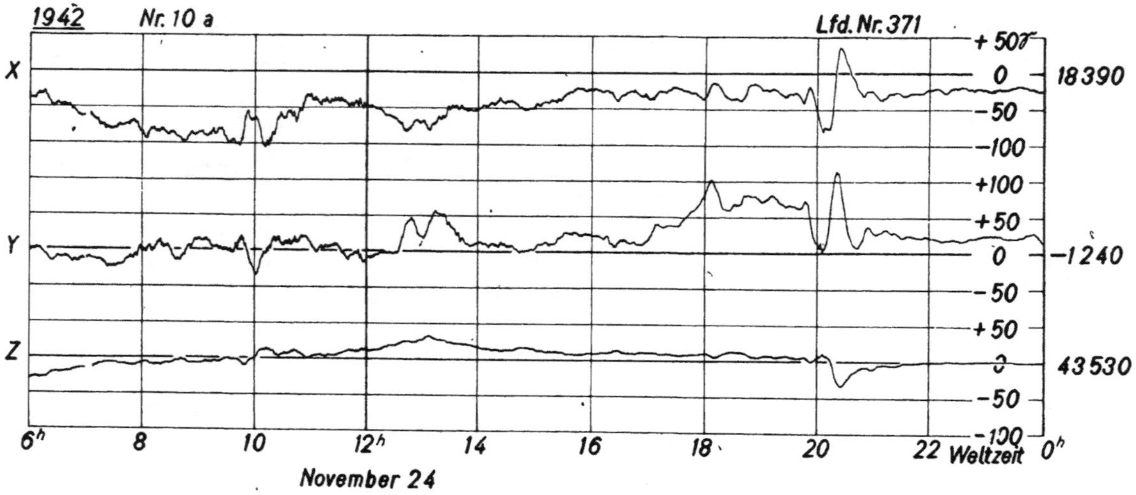

J = 2 430 688.0

J = 2 430 688.5

Die Nullinien entsprechen dem Durchschnitt der 10 Tage von November 13 bis 22

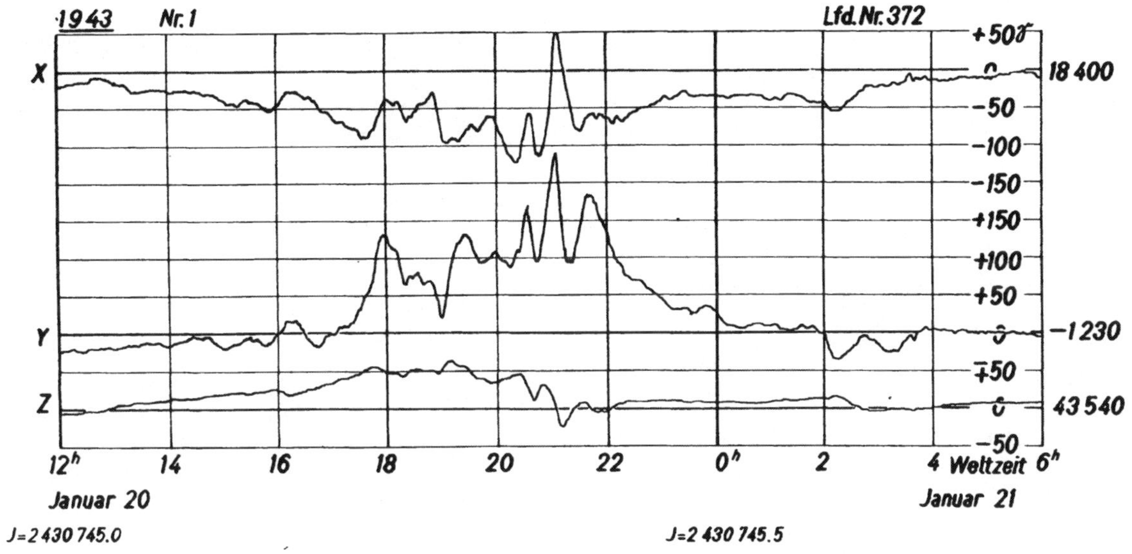

Die Nullinien entsprechen dem Durchschnitt der 10 Tage von Januar 10 bis 19

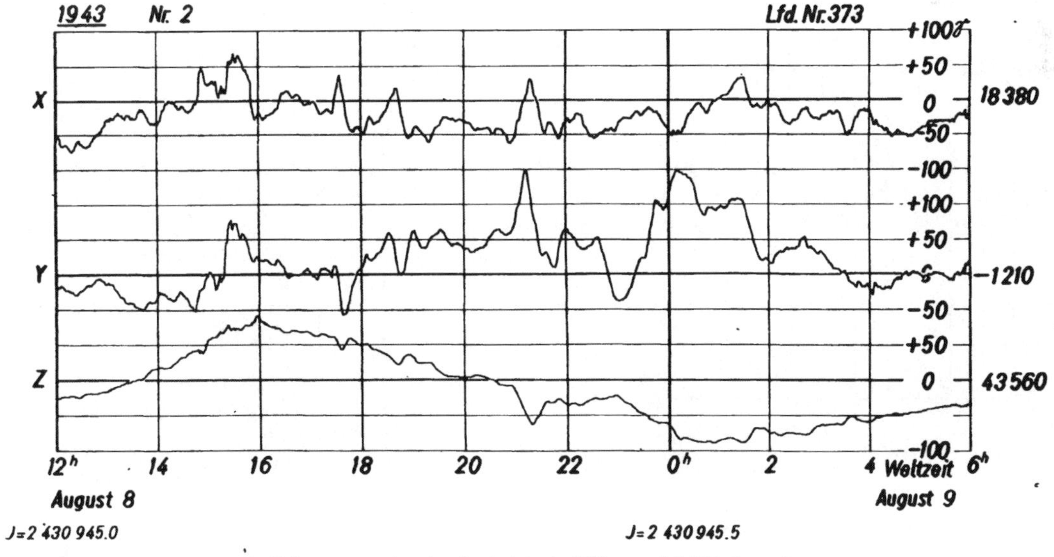

Die Nullinien entsprechen dem Durchschnitt der 10 Tage von Juli 29 bis August 7

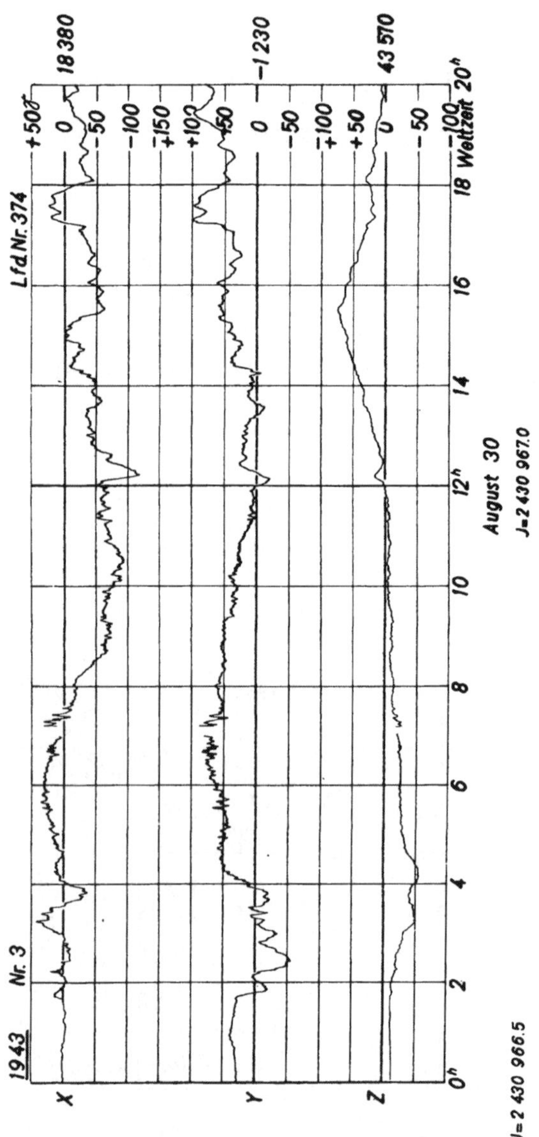

Die Nullinien entsprechen dem Durchschnitt der 10 Tage von August 20 bis 29

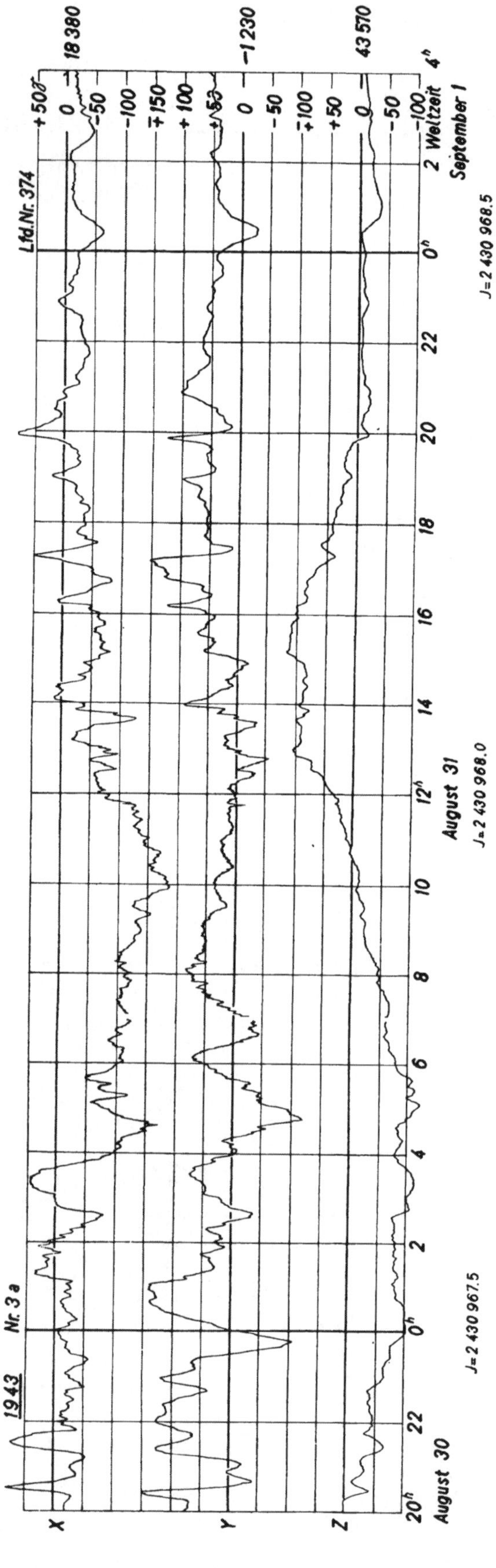

Die Nullinien entsprechen dem Durchschnitt der 10 Tage von August 20 bis 29

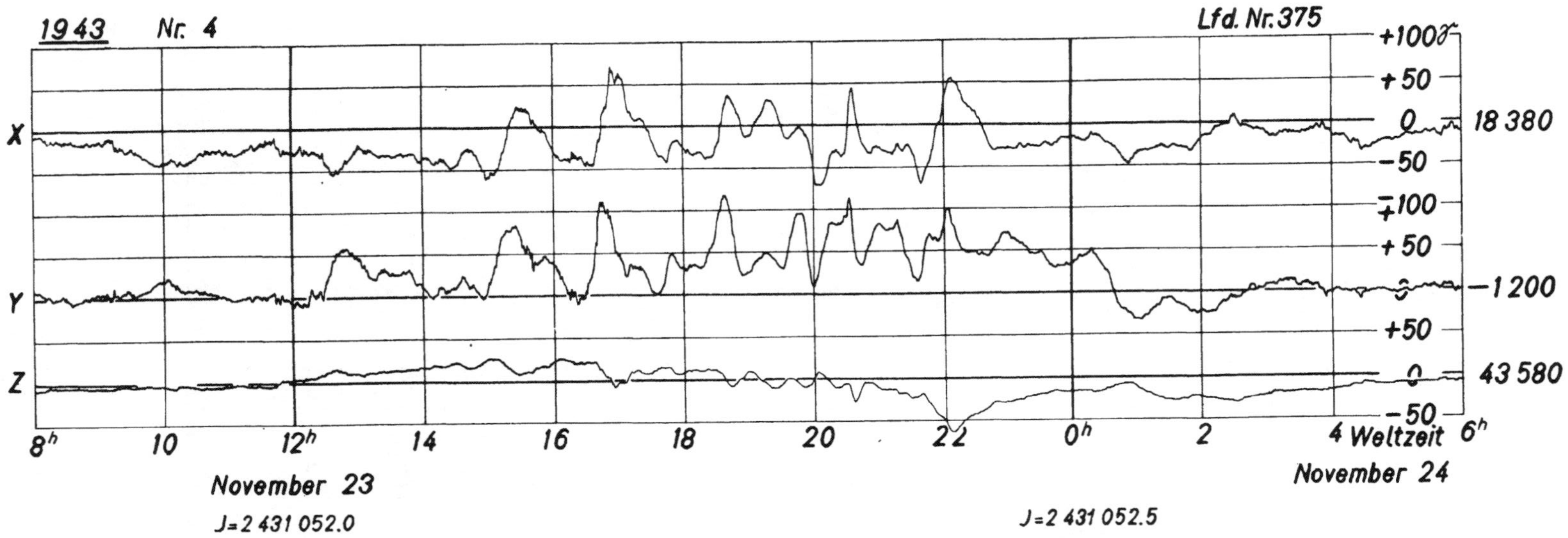

Die Nullinien entsprechen dem Durchschnitt der 10 Tage von November 13 bis 22

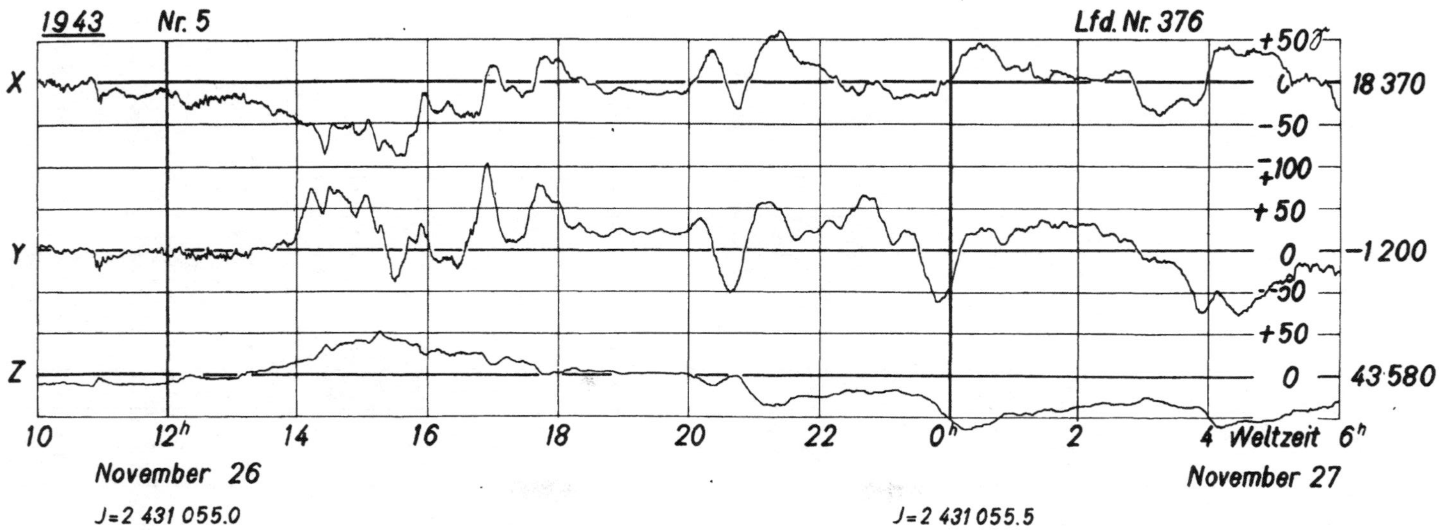

Die Nullinien entsprechen dem Durchschnitt der 10 Tage von November 16 bis 25

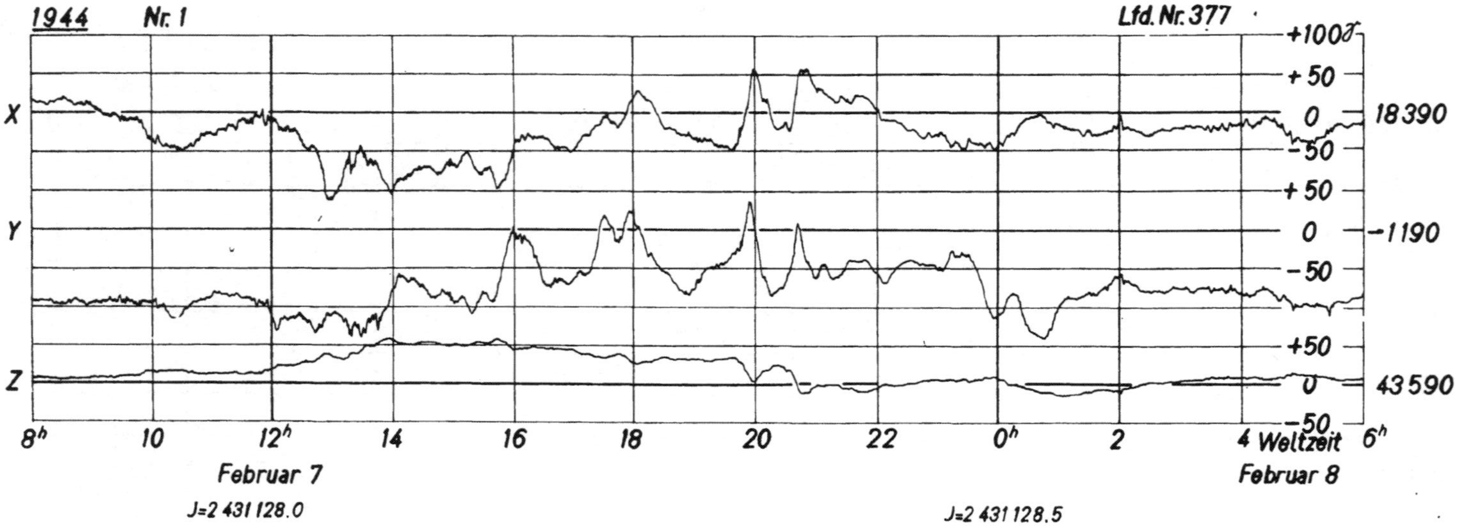

Die Nullinien entsprechen dem Durchschnitt der 10 Tage von Januar 28 bis Februar 6

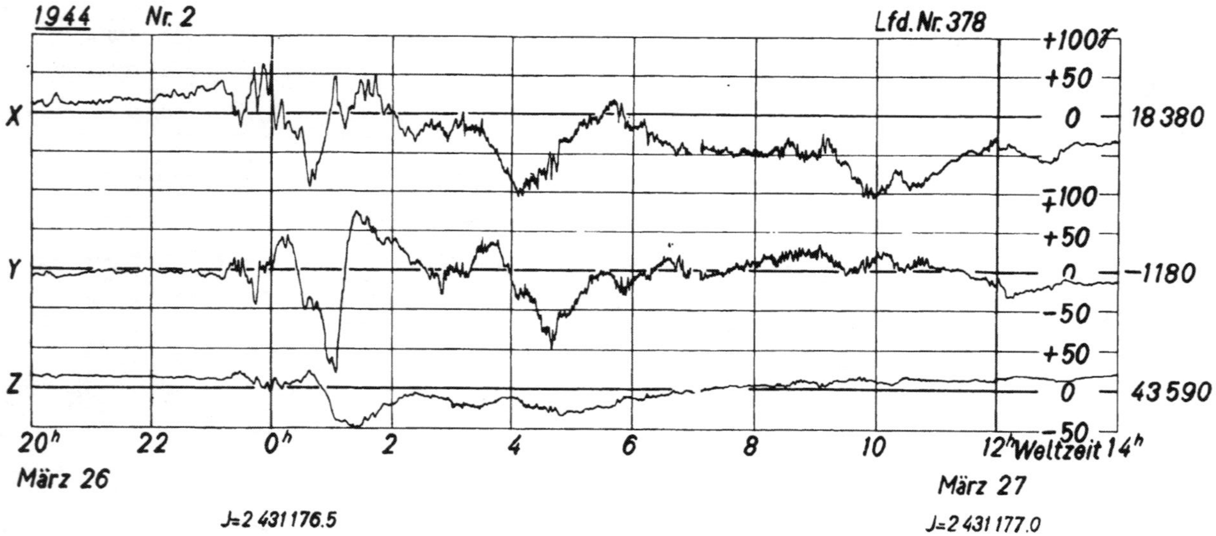

Die Nullinien entsprechen dem Durchschnitt der 10 Tage von März 16 bis 25

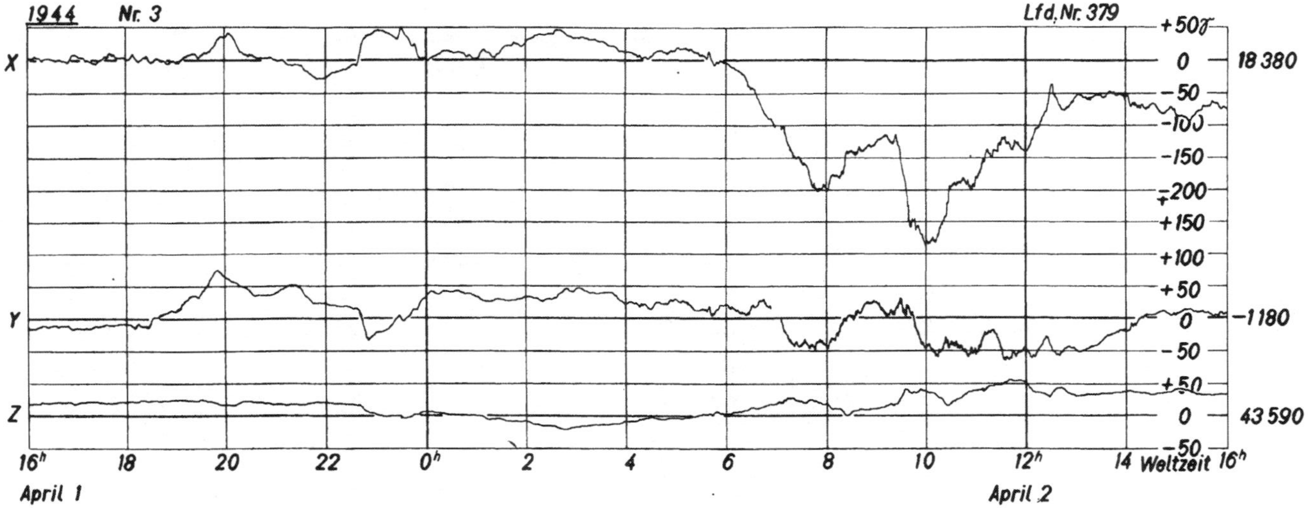

J=2 431 182.5 J=2 431 183.0

Die Nullinien entsprechen dem Durchschnitt der 10 Tage von März 22 bis 31

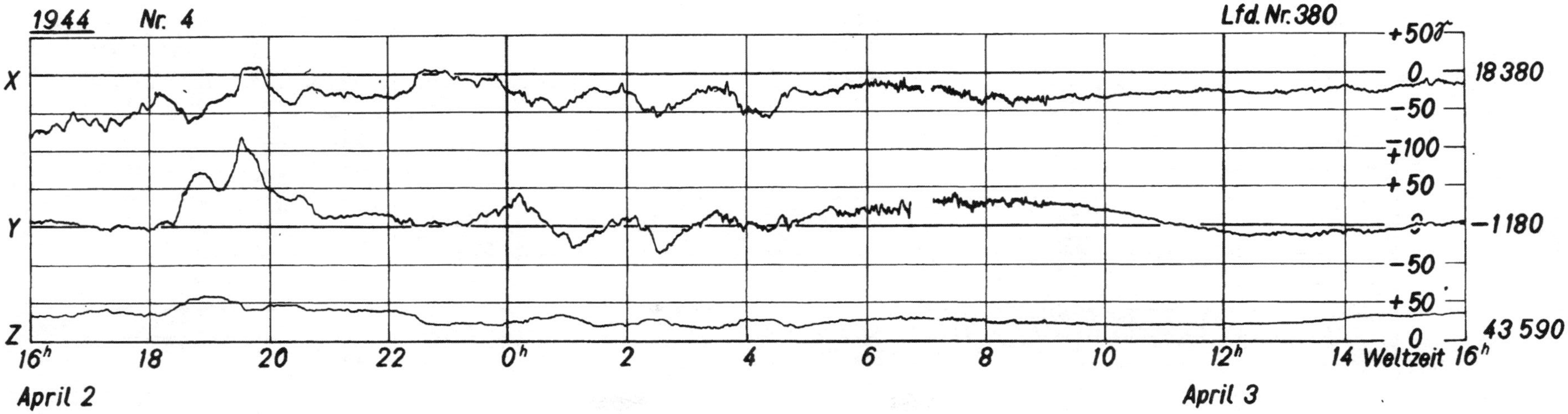

J=2 431 183.5 J=2 431 184.0

Die Nullinien entsprechen dem Durchschnitt der 10 Tage von März 22 bis 31

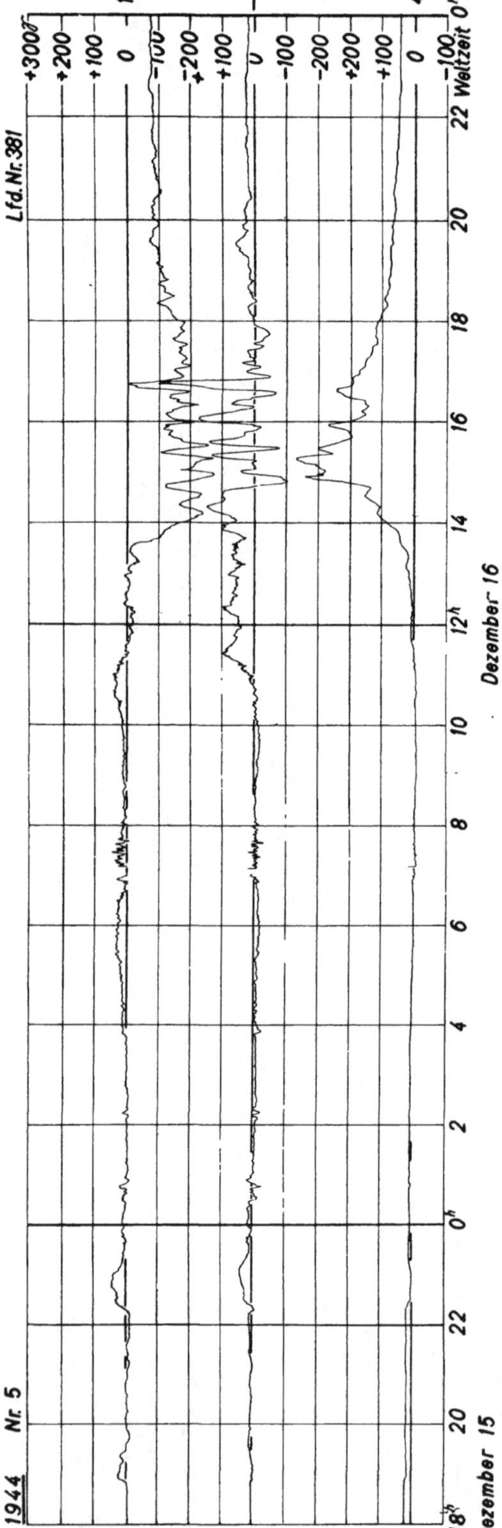

J=2 431 440.5

J=2 431 441.0

J=2 431 441.5

Die Nullinien entsprechen dem Durchschnitt der 10 Tage von Dezember 5 bis 14

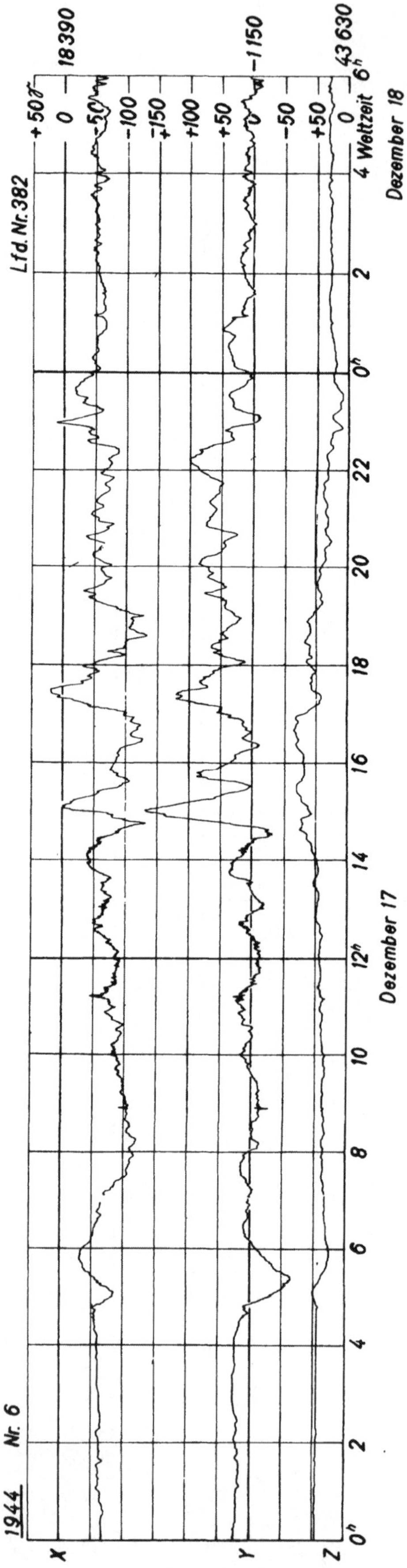

J=2 431 441.5

J=2 431 442.0

J=2 431 442.5

Die Nullinien entsprechen dem Durchschnitt der 10 Tage von Dezember 5 bis 14

Tagesmittel der Komponenten
Niemegk in Abweichungen vom Normalwert 1939

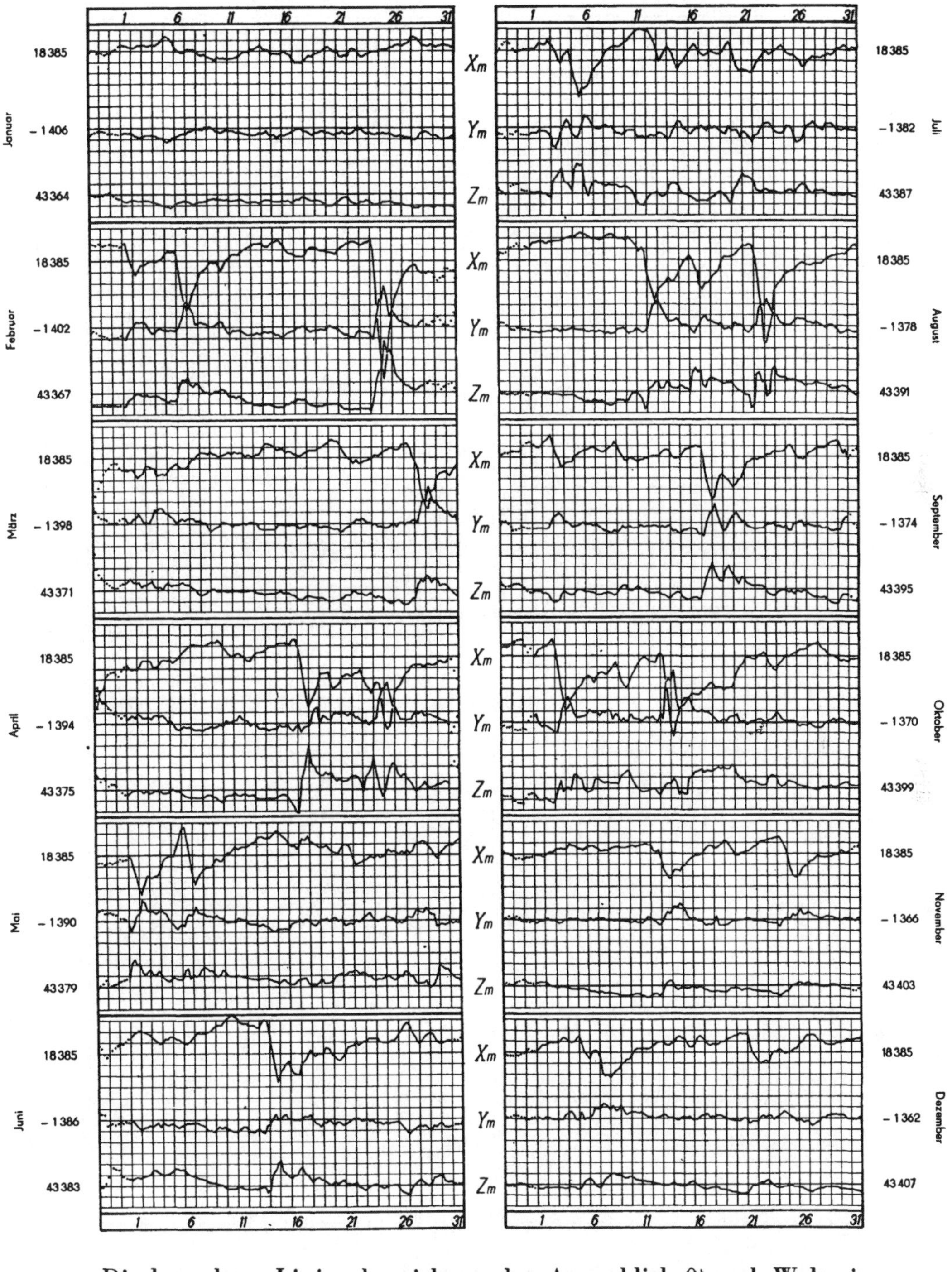

Die lotrechten Linien bezeichnen den Augenblick 0[h] nach Weltzeit.
Die absoluten Werte am Rande gelten für die Mitte des Monats.
Einheit der Zahlen: γ; Einheit der Ordinaten: 10 γ.

Tagesmittel der Komponenten

Niemegk **in Abweichungen vom Normalwert** 1940

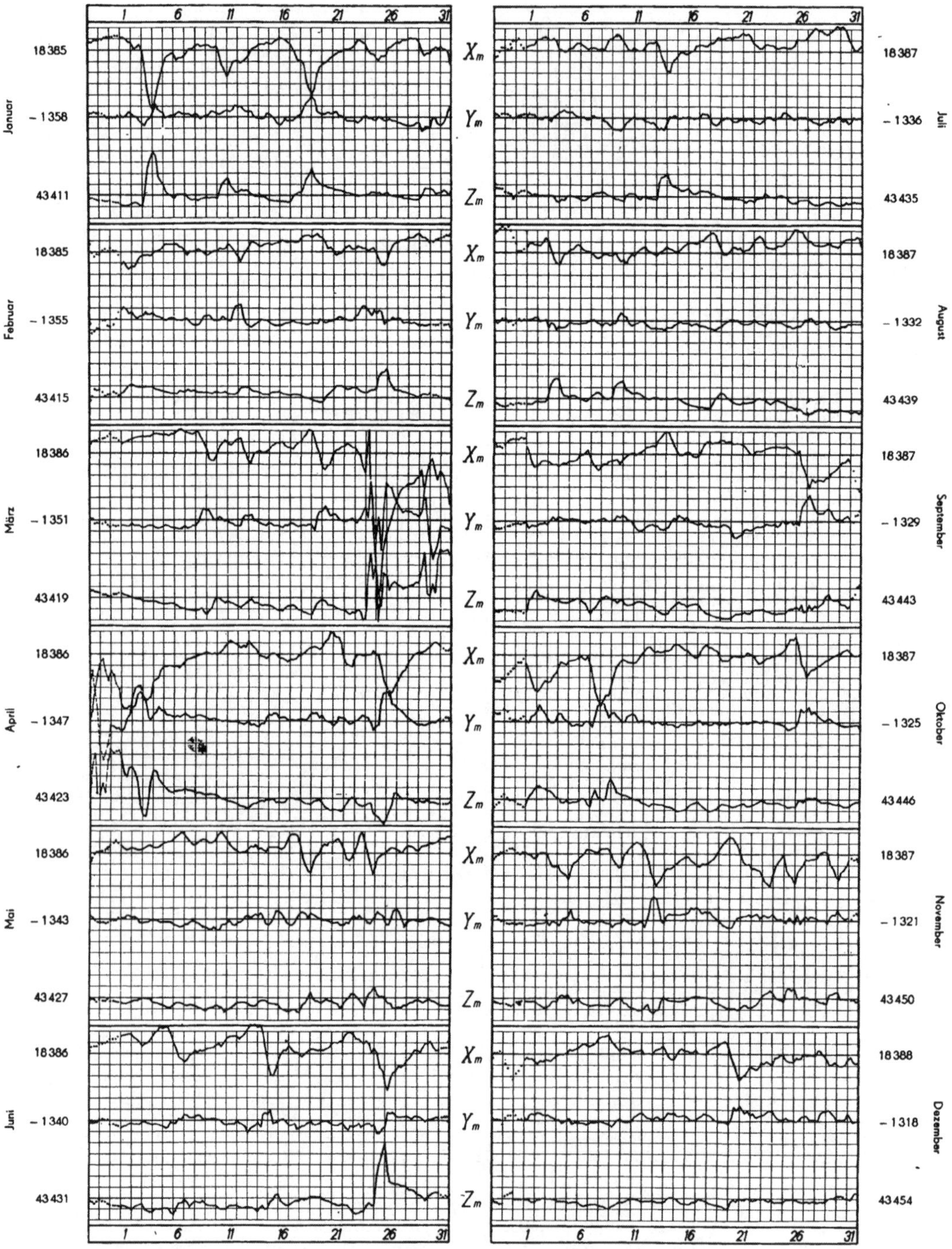

Die lotrechten Linien bezeichnen den Augenblick 0h nach Weltzeit.
Die absoluten Werte am Rande gelten für die Mitte des Monats.
Einheit der Zahlen: γ; Einheit der Ordinaten: 10 γ.

Tagesmittel der Komponenten in Abweichungen vom Normalwert

Niemegk 1941

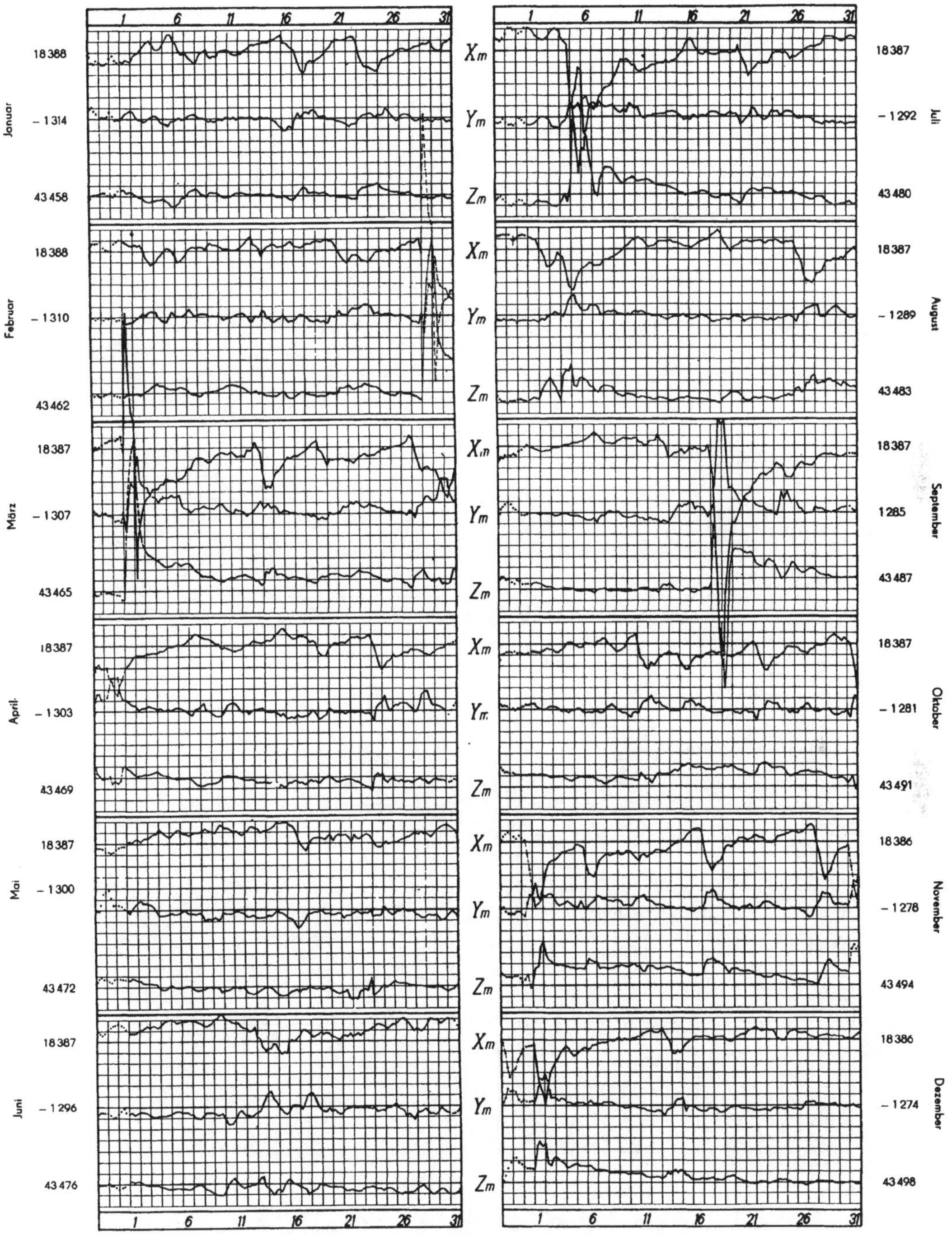

Die lotrechten Linien bezeichnen den Augenblick 0^h nach Weltzeit.
Die absoluten Werte am Rande gelten für die Mitte des Monats.
Einheit der Zahlen: γ; Einheit der Ordinaten: $10\,\gamma$.

Tagesmittel der Komponenten in Abweichungen vom Normalwert

Niemegk 1942

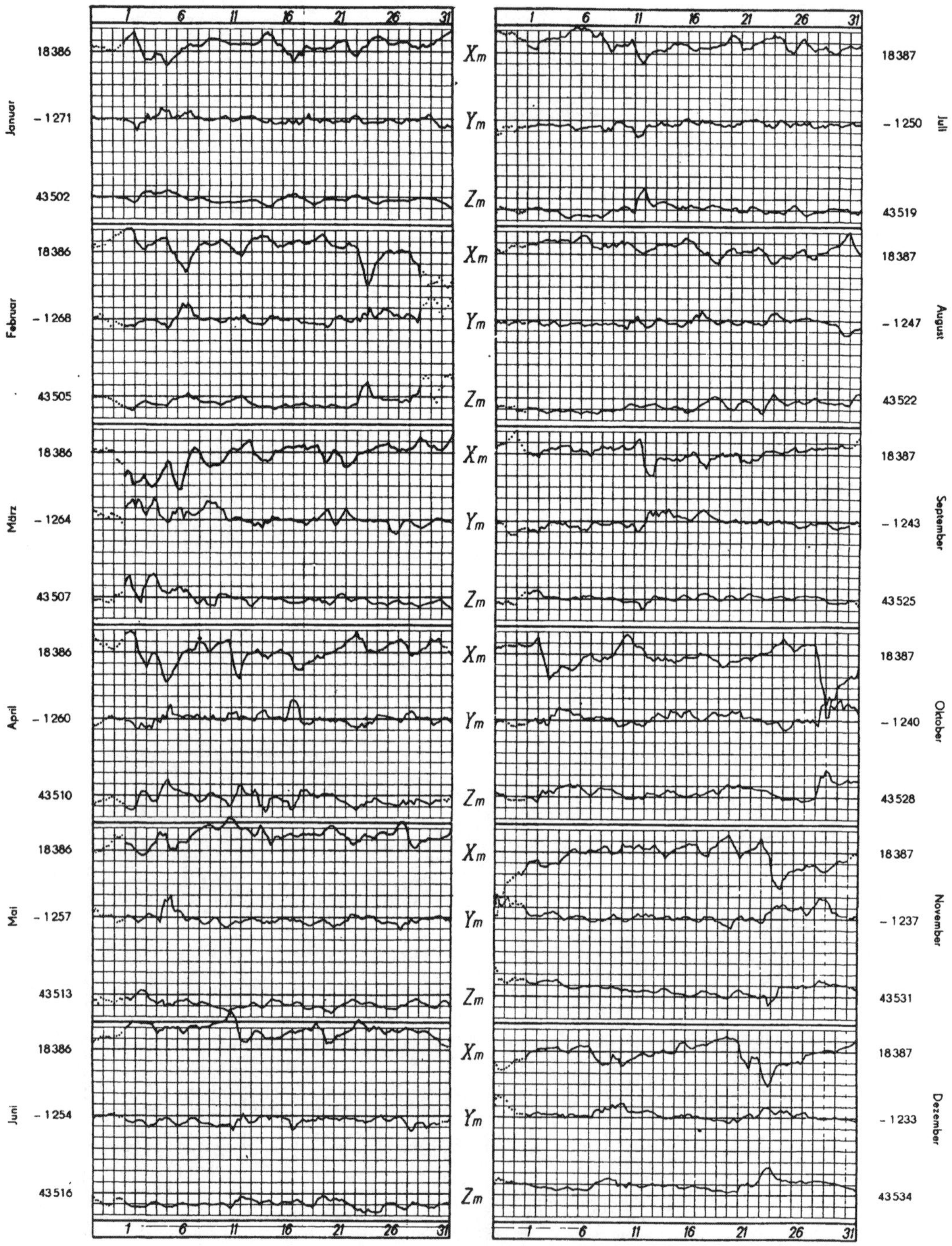

Die lotrechten Linien bezeichnen den Augenblick 0^h nach Weltzeit.
Die absoluten Werte am Rande gelten für die Mitte des Monats.
Einheit der Zahlen: γ; Einheit der Ordinaten: $10\,\gamma$.

Tagesmittel der Komponenten in Abweichungen vom Normalwert

Niemegk 1943

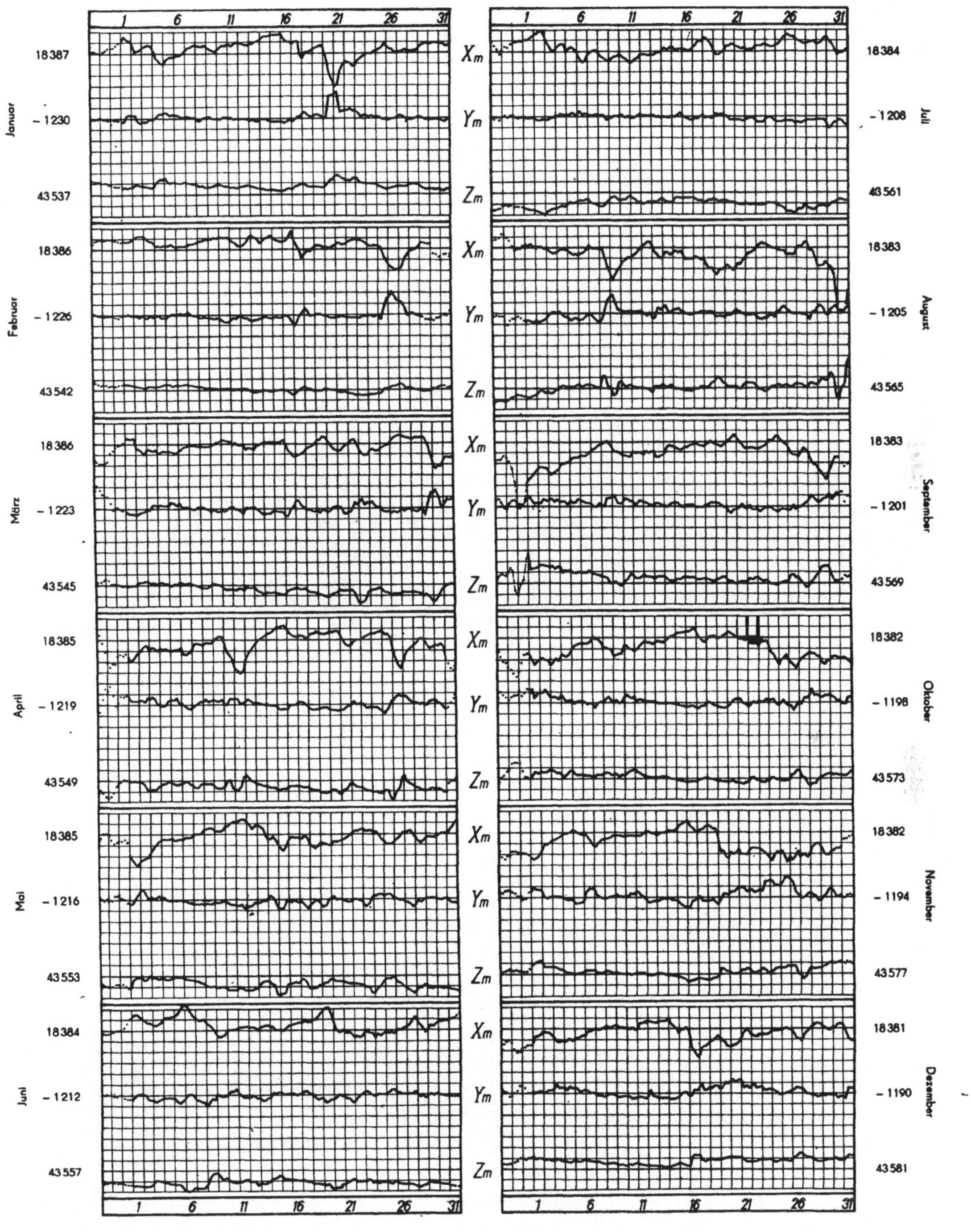

Die lotrechten Linien bezeichnen den Augenblick 0^h nach Weltzeit.
Die absoluten Werte am Rande gelten für die Mitte des Monats.
Einheit der Zahlen: γ; Einheit der Ordinaten: $10\,\gamma$.

Tagesmittel der Komponenten

Niemegk **in Abweichungen vom Normalwert** 1944

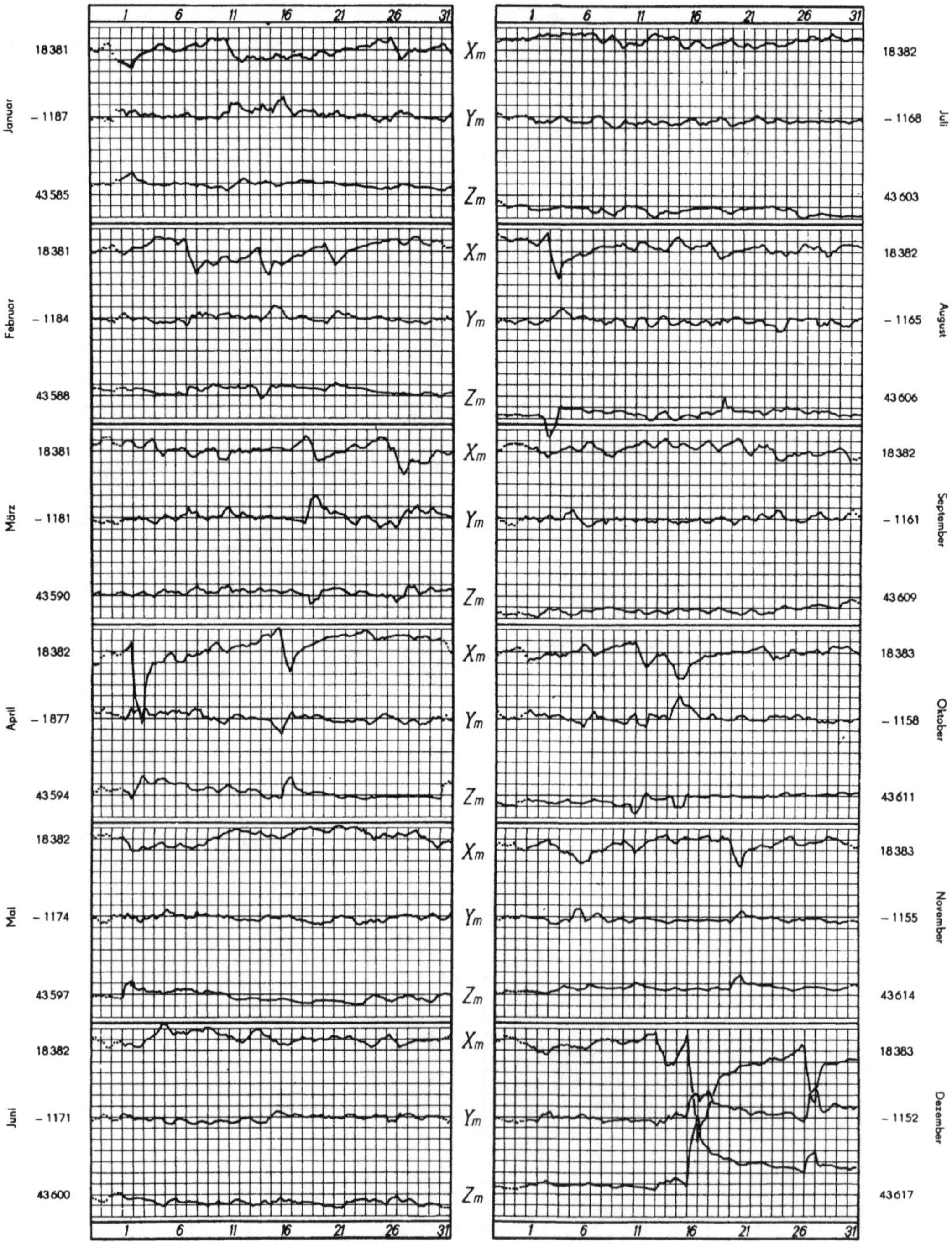

Die lotrechten Linien bezeichnen den Augenblick 0^h nach Weltzeit.
Die absoluten Werte am Rande gelten für die Mitte des Monats.
Einheit der Zahlen: γ; Einheit der Ordinaten: $10\,\gamma$.

ERDMAGNETISCHE JAHRBÜCHER

Prof. Dr. GERHARD FANSELAU

Ergebnisse der Beobachtungen am Adolf-Schmidt-Observatorium für Erdmagnetismus in Niemegk in den Jahren 1939—1944

Teil I, II und III

Der 1. Teil des Werkes bringt für die drei astronomisch orientierten Komponenten X, Y und Z die Stundenmittel für die genannten sechs Jahre und stellt damit den Anschluß her an die bereits bis 1938 vorliegende Reihe der erdmagnetischen Jahrbücher.

Der 2. Teil bringt für dieselbe Zeitspanne die magnetischen Aktivitätszahlen auf Grund des Niemegker Beobachtungsmaterials, außerdem die täglichen Gänge der geomagnetischen Komponenten und in gesonderter Darstellung den geomagnetischen Einfluß des Ringstromes. Der 3. Teil wird in zeichnerischen Darstellungen besonders wichtige Erscheinungen festhalten, die von der internationalen Fachwelt zu synoptischen Bearbeitungen benötigt werden.

I. Teil: 114 Seiten Tabellen – 1 ganzseitige Schemazeichnung – 4⁰ – 1950 – brosch. DM 10,—

II. Teil: 108 Seiten – 4⁰ – 1952 – brosch. DM 15,—

III. Teil: (vorliegendes Heft)

Prof. Dr. GERHARD FANSELAU / Dr. HORST WIESE

Ergebnisse der Beobachtungen am Adolf-Schmidt-Observatorium für Erdmagnetismus in Niemegk im Jahre 1951 (mit Anhang)

16 Seiten – 110 Tafelseiten – 4⁰ – 1954 – DM 34,—

Prof. Dr. RICHARD BOCK

Ergebnisse der Beobachtungen am Adolf-Schmidt-Observatorium für Erdmagnetismus in Niemegk in den Jahren 1932 und 1933

68 Seiten mit Tabellen – 11 Abbildungen – 4⁰ – 1952 – DM 10,—

*

In Vorbereitung:

Dr. HEINZ JUST

Die zweiten erdmagnetischen Kennziffern nach Fanselau

(In: Abhandlungen des Geophysikalischen Instituts Potsdam)

Etwa 32 Seiten – 30 Abbildungen – etwa DM 14.—

MARTIN RICHARD / Dr. HORST WIESE

Die Neubestimmung der absoluten erdmagnetischen Feldgrößen am Adolf-Schmidt-Observatorium für Erdmagnetismus in Niemegk

(In: Abhandlungen des Geophysikalischen Instituts Potsdam)

Etwa 65 Seiten – 20 Abbildungen

Bestellungen an eine Buchhandlung erbeten

AKADEMIE - VERLAG · BERLIN W 8

Kolibri 360 GmbH
Ferdinand-Jühlke-Straße 7
99095 Erfurt, Deutschland
produktsicherheit@kolibri360.de